정원 읽기

영국에서 정원 디자이너로 살아가기

정원 읽기

김지윤 지음

차
례

프롤로그

살포시 비치는 햇살과 명랑하게 울리는 새소리에 잠이 깼다. 눈을 떴을 때 자동차 소음이 들리지 않는 이 고요함이 얼마 만인지 모르겠다. 창문을 여니 공기가 선선해 코로 크게 숨을 들이쉬었다. 머릿속까지 맑아지는 느낌이다. 아침을 먹으러 카페테리아로 향했다. 토스트, 달걀 프라이, 구운 버섯과 토마토를 받아 들고 오렌지주스도 하나 챙긴 다음 어디 앉을까 둘러보는데, 실내는 한산하고 다들 야외 테라스 자리에 앉아 세상 편안한 모습으로 아침을 먹고 있다. 테라스로 나가보니 새들은 떨어진 빵 부스러기를 찾아다니느라 바쁘다. 그 모습을 구경하며 아침을 천천히 먹고는 커피까지 한 잔 더 뽑아 카페테리아 앞으로 뻗은 자작나무 길을 걸었다.

　런던에서 45분가량 기차를 타고 도착한 첼름스퍼드Chelms-ford의 리틀칼리지Writtle College는 내가 지내오던 곳에서 가장 먼, 지구 반대편에 있는 학교 같았다. 도로의 운전 방향이나 날짜를 세는 방식이 다르다는 것보다 더 크게 느껴진 한국과의 차이는 바로 캠퍼스 정원이었다. 높아 봐야 3층인 낮은 건물들이 카페테리아와 중앙 건물을 잇는 길을 축으로 여기저기 흩어져 있다. 건물 사이 외부 공간은 샛길로 나뉘어 아담한 정원들로 가꾸어진다. 각각의 정원은 각기 다른 식재로 다른 분위기를 내고, 또 학생들의 실습을 통해 색다른 식재 디자인으로 탈바꿈하기도 한다. 그 변화를 살피는 재미가 있어, 수업동에서 식당을 갈 때나 기숙사를 갈 때에는 매번 정원들을 지나면서 날씨와 계절에 따라 그 바뀌어가는 모습을 구경했다.

가장 자주 다니고, 또 가장 좋아했던 공간은 카페테리아 앞으로 펼쳐진 자작나무 길이다. 하얀 수피의 자작나무는 본래에도 제일 좋아하는 나무 중 하나인데, 이 길의 자작나무는 그동안 보던 자작나무와는 좀 달랐다. '라시니아타' 은자작나무Betula pendula 'Laciniata'의 이름으로 알 수 있듯pendula는 '매달려 있는', laciniata는 '뾰족한'이라는 의미 잎이 뾰족하게 갈라지고 가지 끝은 축 늘어져 아래로 매달려 있다. 이 길을 걸을 때면 마주치는, 늘어진 가지 사이로 반짝반짝 부서지는 아침의 햇살 조각이 참 좋았다. 그래서 어느 수업에서 캠퍼스 내의 공간 하나를 정해 한 학기 동안 그 변화를 관찰하는 노트를 만들어보기로 했을 때, 고민 없이 이곳을 택했다. 아침엔 해가 낮게 비추어 여린 연두색의 잎으로 공

간이 밝아지고, 오후가 될수록 넘어가는 해를 따라 녹색의 잎으로 점점 짙어진다. 가을이 시작되면 초록의 잎은 노란색으로 단풍이 든다. 흡사 눈같이 생긴 특이한 모양의 엽흔은 밤이 되면 나무가 살아 걸어 다닐 것만 같은 상상을 품게 만든다.

이 길을 '공간'으로 정의하는 또 다른 요소는 자작나무 뒤로 배경 역할을 하는 생울타리, 그리고 나무가 심긴 곳의 영역을 구획하는 잔디다. 단정하게 정돈된 생울타리는 2미터 정도 높이의 유럽서어나무Carpinus betulus로, 외부의 시야를 차단하는 동시에 자작나무의 흰 수피가 더욱 눈에 띄게 만들어준다. 이 식물은 가을에 갈색으로 단풍이 들고 그 잎들이 겨울 내내 붙어 있어서, 한겨울에도 공간의 위요감圍繞感, 둘러싸는 느낌을 잃지 않는다. 그리고 사계절 내내 푸른 서양잔디는 다른 식물들이 색을 바꾸고 잎을 떨굴 때도 한결같이 그 자리에서 푸릇푸릇한 에너지를 내뿜는다.

나는 잎이 다 떨어진, 한겨울의 마른 가지만 남은 나무를 좋아한다. 나무 본연의 모습을 보여주는 것 같아서다. 게다가 잎이 다 떨어져 햇빛이 잎이 아닌 나뭇가지 끝을 비추고 그 가지들 사이로 노을이 지는 모습은 겨울에만 볼 수 있는 아끼는 풍경이다. 잎이 떨어지니 처진 가지의 모양이 눈에 더 확연히 드러나 어쩐지 슬퍼 보이기도 한다. 겨울 끝자락이 되면 이 가지 끝이 빨갛게 달아올라 봄을 준비하고, 얼마 지나지 않아 작고 귀여운 새잎을

내놓는다.

　건축과 조경을 같이 공부해서인지, 종종 외부 공간을 건축적 공간으로 재해석하곤 한다. 영국의 정원은 공간을 벽으로 구분한다. 그 벽은 벽돌과 같이 건축적인 벽일 때도 있고, 나무들을 이용해 세워진 벽일 때도 있다. 이 자작나무 길도 생울타리로 자란 벽으로 공간을 규정하고 위요감을 준다. 이 생울타리 벽 덕분에 그 앞에 양옆으로 세워진 기둥들이 더 도드라져 보인다. 이 자작나무 열주列柱는 공간에 줄곧 리듬을 주고, 변화하는 잎의 색과 무게감은 계속해서 공간에 활기를 불어넣는다. 그리고 열주 사이로 열린 자연의 천창은 이 크고 웅장한 스케일의 공간에 가볍고 밝은 공기를 공급해준다. 여기에 더해 바닥에 사용된 서로 다른 재료들은 더 직관적으로 공간을 구분해준다. 사람이 걷는 공간엔 딱딱한 포장으로, 그리고 식물이 있는 공간엔 잔디로 마무리하는 것이다.

　첫 오리엔테이션 날, 작업실 문을 열었는데 바로 보이는 탁자 위 화병에 붓 같은 생김새의 연두색 미국개기장Panicum dichotomiflorum과 분홍색 꽃이 핀 꽃댕강나무Abelia mosanensis가 풍성하게 꽂혀 있었다. 교수님 중 한 분이 캠퍼스에 자라는 식물을 조금씩 잘라 꽂아두신 것이다. 매주 새로운 식물로 바뀌는 화병 덕택에 작업실은 학기 내내, 머물고 싶은 공간이 되었다. 스튜디오라 불리는 이곳에서 작업을 하고 수업도 듣고 바쁠 땐 샌드위치로 끼니도 때우며 기숙사 방에서보다 더 많은 시간을 보냈다. 작업실 한쪽 벽은 큰 창문이 나 있어서, 맑은 날이면 책상 위에 떨어지는 나뭇잎 그림자들 사이로 햇살이 반짝였다. 어느 수업 시간에는 생수병에 비친 햇살, 나뭇잎 사이로 비치는 빛조각과 그림자가 책상 위로 떨어지는 모습을 하염없이 바라보기도 했다.

학기 중 매주 수요일 아침엔 책상을 이어 붙여, 그 위에 저번 주에 배운 식물을 쭉 늘어놓는다. 수업 전 교수님이 미리 잘라 온 식물이다. 한 주 전까지만 해도 잎이 있던 가지가 금세 낙엽을 떨구어 휑한 모양이 되기도 하고, 활짝 피었던 꽃이 지고 잎만 남기도 한다. 학생들은 그것이 어떤 식물인지, 각각의 특징이 무엇인지를 자세히 살핀다. 굳이 점수를 매기진 않는다. 그렇게 15분가량의 리뷰가 끝나면 바로 다 같이 밖으로 나간다.

그날 어떤 식물을 배울지는 교수님이 미리 정한다. 우리는 식물의 목록을 받아들고는, 교수님 뒤를 졸졸 따라다니며 그 식물들을 하나하나 만난다. 글자로 된 정보보다는 위치나 시각적인 정보를 잘 기억하는 내게 꼭 알맞은 식물 배우기 방식이다. 어떤 날은 한 장소에 있는 여러 다른 종류의 식물을 배우기도 하고, 어떤 날은 한 식물의 다른 개량종을 종류별로 찾아다니기도 했다. 자작나무는 종이 하나인 줄 알았는데 학교 안에만 네 종류가 있었다. 기숙사 뒷편으로는 일반적인 자작나무인 은자작나무Betula pendula가, 식당 앞으로는 '라시니아타' 은자작나무가, 작은 매점 뒤편으로는 새하얗고 다간형多幹形인 잭큐몬티 히말라야 자작나무Betula utilis var. jacquemontii가, 그리고 캠퍼스 안쪽 숲속엔 진한 보랏빛이 도는 잎의 '로열 프로스트' 자엽 자작나무Betula x 'Royal Frost'가 새로 심겨 있었다. 언뜻 비슷해 보이지만 가까이 들여다보면 각기 다른 모습을 찾아내는 재미가 있다. 이렇게 캠퍼스를 돌아다니며 식물을 배우다 보면, 식물 하나를 생각할 때 그 식물이 심겨 있던 곳의 생육 환경, 식물이 흔들리며 내는 소리, 꽃의 향기, 감촉까지 한번에 떠올리게 된다. 그 식물을 배운 날의 날씨도 함께.

한 학기 동안 수생식물, 그라스류, 음지식물 등 다양한 식물을 배웠다. 그중 가장 기억에 남는 것은 향기를 가진 식물이다. 겨울의 어느 날, 오전엔 구름이 드리웠지만 그 뒤에 있던 햇살이 점점 밖으로 모습을 드러냈다. 영국의 여느 겨울날이었다. 마른 가지들 사이를 걸어다니며 한겨울에도 푸르게 남아 있는 솔잎을 보니, 솔잎을 넣고 찐 송편이 생각났다. 키가 낮은 나무들이 오솔길을 만든 공용세탁실 뒷길에서는 이리저리 고부라진 가지를 따라 실 같은 다홍색의 꽃을 피운 풍년화Hamamellis가 멀찍이서도 느낄 수 있는 달콤하고 우아한 향을 퍼트렸다. 한겨울과 어울리는 꽃의 모습과 그 여리여리한 꽃에서 나는 진한 향기에 매료되어, 우울하기만 한 영국의 겨울이 조금은 좋아지기까지 했다. 이 향

을 알고 난 후로는 일부러 이곳에 찾아와 겨울이 끝나기 전까지 풍년화의 향을 맘껏 즐겼다.

캠퍼스 입구 쪽 그늘진 정원으로 가는 길에는 동백나무Camellia japonica들이 꽃을 떨구는 자리가 있다. 나무가 뻗은 공간 그대로 한 송이 한 송이 땅에 떨어져 빨간 꽃길과 흰 꽃길이 만들어진다. 동백의 보드라운 향기 외에도, 떨어진 꽃들은 그 자체로 고혹적이다. 도서관 가는 길에는 재스민 같은 향이 은근히 풍기는데, 사르코코카 콘푸사Sarcococca confusa, 회양목과가 워낙 낮게 자라 있어서 그걸 살펴보려면 숨은그림찾기를 해야 한다. 그 길을 친구들과 걷다가 어디선가 은은한 향이 난다고 말하는 이가 있으면, 조금은 으쓱한 마음으로 '저기 작은 아이가 내는 향'이라고 알려준다. 좀처럼 향기를 낼 것 같이 생기지 않은 식물이라 반전의 매력이 있다. 아직도 눈을 감으면 기억 어디에선가 그 향기가 나고, 그 길에 서 있는 것 같다. 은연하게 기분을 북돋는 향은 잔잔한 여운을 남긴다.

캠퍼스의 식물들을 하나씩 알아가다 보니, 그곳을 다닐 때면 걸음이 더 느려지고 꼭 산책 나온 강아지처럼 두리번거리며 흠흠 향기를 맡는다. 공기가 꽤나 차가운 겨울이지만, 이른 아침 습습한 공기가 풀잎에 내려앉아 하얗게 서리가 낀 모습이 좋아 아침 일찍 일어나 산책을 나서기도 한다. 햇살의 따스함이 서리를 채 녹이기 전에 그 길을 천천히 걸으면, 내 움직임에 따라 하얀 서리가 햇빛에 반짝 빛을 낸다. 그 모습은 밤 하늘을 가득히 수놓는 별빛만큼이나 아름답다.

　해가 조금씩 길어지고 햇살이 따스해지는 계절이 되면, 아침에 일어나 기숙사 방에서 창문을 열어 뒤쪽으로 넓게 펼쳐진 들판을 바라본다. 그 푸르른 잔디를 보고 있자면, 잠이 다 깨기도 전에 후드를 하나 둘러쓰고는 들판으로 나가고 싶어진다. 흰 자작나무들 사이로 노오란 수선화Narcissus tazetta가 얼굴을 내민다. 듬성듬성 핀 수선화가 흰 수피의 나무와 꽤나 잘 어울린다는 생각을 하고는, 수첩에 적어놓는다. 봄날 아침 산책길에는 사과 한 알을 씻어서 손에 들고 나온다. 푸른 잔디 내음을 맡으며 사과를 베어 물면, 온 몸이 에너지로 채워지는 동시에 피가 맑아지는 듯 상쾌하다.

　봄인 듯 여름인 듯 아침저녁으로는 선선하지만 햇살이 쨍해지고 해가 길어지는 때가 되면 캠퍼스의 정원은 완전히 다시 살아난다. 한국에서도 벚꽃의 꽃말은 중간고사였는데, 여기서도 어김없이 볕 좋은 날엔 해야 할 과제가 산더미다. 쾌청한 날씨에 어디 놀러는 못 가도, 작업실이 아닌 정원에 노트북을 들고 나와 과제를 하는 것만으로 한결 여유로워졌다. 점심도 카페테리아에서 포장해 온 샌드위치를 야외 테이블이나 정원 벤치에서 먹으며 망중한을 즐겼다. 과제를 제출한 날 저녁엔 내 나름의 소소한 기념으로 간식거리를 챙겨 잔디밭에 앉아 작은 피크닉을 하기도 했다. 잠깐의 그 해방감은 막스앤스펜서 초코맛 팝콘을 잔디밭에 반쯤 기댄 채로 먹는 달콤함으로 기억된다.

캠퍼스에서의 생활 1년은 그간 잊고 지내던 감각을 일깨우는 시간이었다. 이렇게 주위의 살아 있거나 살아 있지 않은 것들, 특히 식물을 온 몸의 감각으로 느끼는 경험은 어릴 적 기억을 떠올리게 해주었다. 분꽃의 열매를 돌로 곱게 갈아 분가루를 만들어 소꿉놀이를 하거나 '사루비아'의 꿀을 빨아 먹고, 가을이면 노랗게 펼쳐진 은행나무 낙엽을 가지고 놀던 시간은 아직도 기억 깊숙이 남아 있다. 캠퍼스 생활의 끝이 보일 무렵 그런 상상을 했다.『해리포터』에서 부츠를 두고 순간이동을 하듯이, 이 캠퍼스에 언제든 돌아올 수 있는 부츠가 하나 놓여 있으면 좋겠다고. 기억의 점으로 남아 아름답게 추억하는 시간을 남긴 것 외에도 일상을 감상하는 방법을 다시 배웠다. 이제 어디에 있든지 이전과는 다른 방법으로 주변을 감각하며 살아갈 수 있을 것 같다.

정원과
공원

정원 디자인을 공부하겠다며 영국 시골의 작은 학교를 다니기로 마음먹었을 때만 해도, 시골 생활에 대한 낭만만이 가득했다. 서울에서 나고 자랐지만 어째서인지 서울의 소음과 속도는 나에게 버거웠다. 외출이라도 한 날엔 너덜너덜해진 기운으로 집에 돌아오곤 했다. 그래서 학교의 캠퍼스와 기숙사 사진을 보고는 행복한 상상으로 하루빨리 그 시골에서 살 날을 기다렸고, 실제로 9월의 어느 날 처음 도착한 캠퍼스에서 내가 원하던 평화로움과 고요함을 맞닥뜨렸다. 방에 앉으면 자동차 소리가 들리지 않았고, 이른 아침이면 맑고 명랑한 새소리가 가득했다. 아침 창가에 기대어, 찬란한 햇살과 함께 그 조용하고 평온한 환경에서 살아감을 감사히 여겼다.

그러나 사람의 마음은 간사한지라 그 감사함은 오래가지 않았다. 런던에서 기차로 45분 거리라고는 하지만, 기차역에서 학교까지는 또 버스를 타고 들어가야 했다. 버스는 20~30분에 한 대씩 다니고, 밤에 버스를 타고 올 때면 사방이 깜깜했다. 버스에서 내려서는 또 다시 캠퍼스를 가로질러 가장 끄트머리에 자리한 기숙사로 걸어가야 했다. 그때 새삼스럽게 깨달은 것은, 거리는 물리적 떨어짐이 아니라 이동 속도로 감각된다는 점이다. 런던에서 이곳 기차역까지의 거리보다 기차역에서 내 방까지의 거리가 더 멀게 느껴졌으니 말이다.

서울 한복판에 살 때는 마음이 시끄럽긴 했지만 몸은 편했다. 5분도 안 되는 거리에 24시간 편의점이 있어서 배가 고프거나 필요한 게 있으면 재빨리 다녀올 수 있었다. 그런데 이곳 기숙사에서 가장 가까운 슈퍼마켓은 걸어서 20분 거리였다. 빠른 걸음으로 15분, 여유롭게 20분이면 사실 불평할 거리는 아니다. 그렇지만 인도가 제대로 깔려 있지 않아 찻길 옆 오솔길을 지나 가녀린 가로등에 의지해서 오가는 길은, 겨울이 깊어질수록 힘들게 느껴졌다. 비가 자주 오는 겨울엔 특히나 땅이 질척거려서 신발은 항상 진흙투성이가 됐다.

바삭하고 상쾌한 공기가 쨍한 한국의 겨울은 내가 가장 좋아하는 계절이다. 잎이 다 떨어져 앙상한 나뭇가지 뒤로 선명히 보이는 노을도 좋다. 그러나 무겁고 축축하고 어두운 영국의 겨울은 내가 경험해보지 못한 것이었다. 처음 겪는 어둠에 말로만 듣던 계절성 우울감이 내 몸을 무겁게 짓눌렀다. 젖은 낙엽처럼 무거운 몸을 이끌고 내가 할 수 있었던 건 캠퍼스 정원과 그 뒤로 펼쳐진 들판을 걷는 일뿐이었다. 차분히 마음을 다잡고 주변의 것들을 알아차리다 보면 어느새 내 마음속은 식물의 아름다움으로 가득 찼다. 잎이 떨어진 나무는 그제서야 멋드러진 수피와 나무의 형태를 보여주고, 겨울에도 푸릇한 상록의 식물을 마주할 때면 이 날씨에도 끈질기게 가지에 매달린 잎에 존경을 표하게 된다. 짙은 밤엔 모든 게 어둠 속에서 깜깜해지는 대신 새소리와 풀벌레 소리가 더욱 선명히 들렸다. 구름이 없는 날이면 밤하늘 가득 찬 별을 보는 것만으로 위로가 되었다.

그중에서도 이른 아침 부지런히 나가야만 볼 수 있는 하얗게 내려앉은 서리는 습도가 높은 영국의 겨울에 볼 수 있는 보석 같은 순간이다. 운이 좋게 해가 쨍하게 뜨는 날이면 서리가 햇살에 살며시 비쳐 크리스탈처럼 반짝인다. 지금 이 장면을 놓치면 다시 볼 수 없다는 생각에 그 주위를 떠나지 못하고 햇살에 사르르 녹아버리는 서리를 지켜본 적도 있다. 모든 아름다움은 찰나라는 말이 그토록 아쉽게 느껴질 수 없었다.

살면서 햇빛이 그렇게 간절했던 적은 처음이었다. 그렇게 길고 긴 겨울의 끝이 다다랐을 때쯤 조금씩 녹는 땅에선 영롱한 설강화Snowdrop, Galanthus nivalis가 우아한 자태로 올라온다. 겨울이 깊어지고 설강화를 기다린 시간은 고작 한두 달이었지만 마치 1년 내내 고대한 것처럼 마음이 저려왔다. 왕립원예협회 하이드

홀RHS Garden Hyde Hall 끝자락에 있는 소림疏林, woodland에는 하늘까지 뻗은 나무들 사이로 수줍게 올라온 설강화가 옹기종기 모여 있었다. 아래로 벌어진 꽃잎이 바람에 살랑살랑 흔들려 봄이 오고 있노라고 종을 울리고 있는 듯했다. 높이가 10센티미터도 채 되지 않는 작은 식물이 그 주위에 있던 모든 사람의 얼굴을 밝혀주었다. 좀 더 가까이서 보려고 무릎을 쪼그리고 앉은 이들의 모습을 보니 절로 미소가 지어졌다. 설강화는 20여 개의 원종마다 독특한 외형으로 보는 이들을 매료시킨다. 그 작은 꽃이 겨울의 문을 닫고 봄의 시작을 알린다.

어둑하고 흐릿한 겨울을 보내고 나니 왜 영국이 이토록 정원 문화가 발달할 수 있었는지 자연스레 깨닫게 됐다. 그들에게 정원이란 여유와 유락遊樂이기 이전에 위안과 희망의 공간이었다. 겨울이 오기 전 봄에 피어날 구근을 심어주고, 겨울 동안 죽은 듯 보이지만 작게 숨을 고르고 있는 식물들을 곁에 두며 그 안에서 아름다움을 찾는다. 그러다 보면 봄을 기다리는 희망과 함께 겨울을 견딜 수 있는 힘을 얻는다.

대학 때 사진학 강의에서 교수님이 하신 말씀이 있다. "우리의 삶은 기다림으로 채워져 있다." 아침에는 저녁을 기다리고 밤에 잘 땐 다음 날 아침을 기다리고 그렇게 하루하루가 기다림이며 결국은 삶도 죽음을 기다리는 과정이라는 이야기였다. 불교에

이른 아침 부지런히 나가야만 볼 수 있는 하얗게 내려앉은 서리는 습도가 높은 영국의 겨울에 볼 수 있는 보석 같은 순간이다.

서는 현재에 충실하라 하고 명상에서는 지금 이 순간에 집중하라고 하지만, 우리 같은 중생의 삶을 이끄는 건 기다림과 기대, 즉 미래에 있다. 정원은 그렇게 우리를 현재에 집중하게 하면서 또 내일을 기다리게 한다.

그렇다면 시골이 아닌 도시에서의 정원은 어떨까. 도시에서는 슈퍼마켓에 가기 위해 진창길을 걸을 일도 없고 이른 아침 들판의 풀들에 내려앉은 서리를 마주할 일도 거의 없다. 집 뒷마당에 매일 드나들 정원이 있는 건 소수의 특권이고 아파트의 테라스나 옥상조차 누구에게나 허락된 공간은 아니다. 그 대신 도시엔 공원이 있다. 공원은 모두를 위한 정원이 될 수 있다. 운동이나 오락을 위한 공간이기도 하지만 풀, 꽃, 나무를 즐길 마음만 있다면 누구에게나 정원이 되어준다.

흔히 정원과 공원은 소유자 혹은 이용자의 접근 가능성에 따라 나뉜다. 정원은 개인이 소유하고 그 개인만이 이용할 수 있다면, 공원은 공공재이며 모든 사람이 이용할 수 있다는 것이다. 그러나 정원과 공원을 구분하는 건 그리 단순한 일이 아니다. 영국에선 많은 정원이 개방되어 있고 공원 안에 정원이라는 이름으로 꾸며진 공간도 있다. 그렇다면 식물을 더욱 신경 써서 디자인한 공간이 정원인 걸까? 그렇게 정의하기엔, 정원인데 식물이 없는 곳도 있고, 공원인데 식재 디자인과 관리가 잘된 곳도 있어 적합하지 않다.

각자 구분하는 방식이 있겠지만, 내가 생각한 정원과 공원의 차이는 그 실제의 공간이 아니라 그것을 이용하는 사람의 마음가짐, 그리고 자연과의 교감에서 비롯된다. 정원 일이라는 가장 능동적인 활동 외에도 그림을 그리거나, 글을 쓰거나, 가만 앉아 바람에 흔들리는 풀잎의 소리를 듣는 것 모두 자연과의 교감이다. 모종삽이 아닌 휴대전화를 손에 들고 가까이 사진을 찍는 것조차 말이다.

런던의 생활은 곧 정원 생활이라고 할 수 있다. 나인엘름스 Nine Elms라는 런던의 서남쪽에 살 땐 걸어서 15분 정도 거리에 배터시 파크Battersea Park가 있어 저녁마다 산책을 갔다. 첼시에 살 땐 첼시 피직 가든Chelsea Physic Garden과 라넬라 가든Ranelagh Gardens을 걸었다. 런던 동쪽 쇼디치Shoreditch와 달스턴Dalston에 살 때는 빅토리아 파크Victoria Park와 런던 필즈London Fields가 있었고, 주말이면 친구들과 함께 런던 시내에 있는 큰 공원인 그린 파크Green Park, 하이드 파크Hyde Park, 햄스테드 히스 Hampstead Heath, 그리고 리젠트 파크Regent's Park에 모여 걷곤 했다. 이렇게 큰 공원 외에도 런던을 걷다 보면 '스퀘어square'라는 이름이 붙은 크고 작은 '포켓 공원'도 발견할 수 있었다. 이곳에서 사람들은 걷고, 책을 읽고, 함께 앉아 웃고 떠들며, 또 어떤 때는 가만히 앉아 자연을 바라본다.

런던의 공원이 좋았던 또 다른 이유 중 하나는 강아지, 어린

아이, 젊은이와 백발의 어르신까지 모두 한 공간을 즐긴다는 점이었다. 공공 공간이 한 세대 혹은 한 집단만의 전유물이 되면, 내가 이 공간의 사람들과 다른 것 같고 이 공간에 어울리지 않다고 느껴져 그곳에 들어서기 꺼려진다. 그러나 런던의 공원들은 누가 어디에서 왔고 나이가 어떻게 되는지 상관하지 않고 모두를 반겨 주었다.

도시에 살아도 이처럼 정원을 찾을 수 있는데, 문제는 도시 사람에겐 시간이 없다는 것이다. 어릴 땐 공부하느라 바쁘고 어른이 되어서는 일하느라 바쁘다. 아침 챙겨 먹을 시간도 없는 사람에게는 하루 중 여유를 갖고 주위를 둘러보는 일이 사치로 느껴질 것이다. 그나마 시간만 없으면 다행이다. 어떤 이들은 초록색이라고는 찾아보기 힘든, 시멘트와 콘크리트로 가득 찬 동네에서 자란다. 그들에게 정원이란 시멘트 바닥 틈 사이에 피어난 민들레꽃이 전부일까 두렵다.

녹지에 관한 여러 연구는 동네에 따른 소득 수준과 녹지 면적의 상관관계를 보여준다. 부유한 동네는 가난한 동네보다 공원 같은 푸른 공간의 비중이 높고 가로수도 더 많다는 것이다. 식재 면적의 차이는 식물이 가져다주는 부차적인 이로움에도 차이를 만든다. 식물은 잎의 증산 작용을 통해 무더운 날 공기의 온도를 내려주고, 공기 중의 오염 물질을 흡수해 공기를 깨끗이 해준다. 또한 식물이 심긴 흙바닥은 비가 오면 물을 흡수하여 홍수 방지에도 도움을 준다. 녹지가 많은 지역에 사는 사람들이 그렇지 않은 지역의 주민들보다 몸과 마음이 건강하다는 연구 결과도 있다. 이렇게 작은 차이로 틈이 점점 벌어지면서 깊은 골이 만들어지는 것이다.

도시의 인구는 꾸준히 늘어나고 도시의 면적 또한 끊임없이 넓어지고 있다. 한정된 지구의 땅 안에서 한 사람이 거주할 수 있는 공간은 제한될 것이고 개인의 정원은 소수만이 누리는 특권이 될 것이다. 넓고 푸른 하늘을 바라보며 숨통 트이는 느낌, 넓게 펼쳐진 클로버 밭에서 풀들을 묶어 반지를 만들고 그 속에서 네잎클로버를 찾는 기쁨, 봄내음 가득한 아까시, 라일락, 모란의 향을 감상할 수 있는 일이 모두에게 허락되길 꿈꿔본다.

⟨작은 평화 한 조각⟩:
졸업 전시

처음으로 졸업 전시를 구경했던 건 한국에서 대학을 다니던 시절 여름방학 때 런던 여행 중 들렀던 영국 건축협회 건축학교AA School, Architectural Association School of Architecture에서였다. 10년도 더 된 일이지만, 그곳이 고전적인 벽돌 건물이었던 점(건축학교라면 으레 최신식 건물일 줄 알았다), 건물 앞에 목재로 만들어진 거대한 조각품이 세워져 있던 것이 선명히 기억 난다. 그렇게 들어선 건물엔 모든 공간, 벽, 바닥, 천장까지 빼곡히 온갖 작품이 전시되어 있었다. 마네킹에 옷가지가 둘러져 있기도 했고 영상 작업, 사진에 더해 뜨개질로 만들어진 니트까지, 흔히 생각한 건축 모형 이외에 다양한 작업이 선보여져 흡사 현대예술 갤러리에 온 듯한 느낌이었다. 그 경험이 신기하고도 재밌게 느껴진 덕분일까. 그 뒤로 영국에 정착해서 지내는 동안 기회가 닿는 대로 런던 여러 학교에서 열리는 전시를 구경하러 다녔다.

건축이라는 분야는 대체로 공대에 속하고, 따로 환경이나 건축 단과대에 있기도 하지만, 예술대학에 속해 있는 경우도 종종 있다. 왕립예술학교RCA, Royal College of Art가 그 경우인데, 그 학교엔 건축과가 공예, 회화, 패션 디자인 등의 학과와 같이 있다. 그래서인지 작업 공정을 보여주는 워크인프로그레스WIP, Work in Progress 쇼와 졸업 전시를 포함한 학기말 전시가, 이전에 갔던 AA나 유니버시티 칼리지 런던의 건축학부인 바틀렛The Bartlett의 전시와는 다르게 신선한 느낌이었다. 건축을 관념적으로 접근한달까. 건축을 발전시키는 방법은 수도 없이 많고 정답은 없지만, RCA에서 내가 느낀 바는 건축이 인간의 생각을 담는 매개체로서 역할할 수 있겠다는 것이었다. 가령 도시에서 건물 파사드의 의미를 파헤치는 그 과정이 해당 공간을 넘어 전 세계 기후변화로까지 논점을 넓히는 식이었다.

바틀렛의 졸업 전시는 그와는 또 다른 분위기다. 보도와 마주한 1층 전면이 유리로 되어 있는 건물에 들어서면 세련된 검은색 철제 나선형 계단이 눈에 들어오면서 한눈에 모던한 느낌을 준다. 몸을 돌리면 다른 사람의 얼굴을 코앞에서 마주하게 될 정도로 북적이고 정장을 입은 사람들도 종종 눈에 띄어 흡사 이벤트나 파티장에 온 것 같기도 했다. 매일 운동복 차림으로 봤던 내 친구도 이날은 말끔히 차려입었다. 각자 본인이 전시할 수 있는 공간이 한 평 정도 있고, 그렇게 벽면을 따라 학생들의 작품이 줄

줄이 전시되어 있었다. 일단은 친구를 따라 3층으로 올라가 작품 설명을 듣고는 다른 작품들도 둘러보기 위해 나선형 계단을 통해 다른 층으로 올라갔다.

　　방문자의 대부분이 친구나 지인이었을 텐데, 학생들은 나처럼 처음 보는 이의 질문에도 최선을 다해 답해주었다. 모형이나 패널에 더해 커다란 티브이 스크린을 벽에 달아 영상을 보여주는 경우도 종종 있었다. 한 스크린에서는 VR 안경을 쓴 학생이 가상 공간에서 모형을 만드는 영상이 흘러나왔고, 또 다른 스크린에서는 로봇이 시공하는 모습을 시뮬레이션으로 보여줬다. 공간 설계나 시공법 같은 실무뿐 아니라 앞으로의 건축이 어떻게 발전할지에 대해 고민한 모습이 역력했다. 영상작업 이외에 다른 작업에서도 파라메트릭parametric 디자인이라든지 재료나 구축 방법의 실험이 많이 소개되었는데, 지금 당장 현장에서는 실현하기 어렵겠지만 그 가능성과 잠재력을 느낄 수 있었다.

　　내가 본 세 학교의 건축학과 전시는 같은 분야라 할지라도 분위기나 접근 방식이 제각기 확연히 달랐다. 그래서 학생들은 학교를 고를 때 학교의 순위가 아니라 본인이 추구하고자 하는 방향에 최선인 학교를 고르게 된다. 그렇게 두드러지게 학풍이 다르지만, 공통적인 건 학교가 일에 필요한 기술을 배우는 곳이 아닌, 생각을 확장하고 미래를 상상할 수 있는 자유로운 곳이라는 점이다. 일단 졸업을 하고 회사에 들어가 실제로 지어지는 건축물을 다룰 때는 그 건물이 지어지는 데에만 온통 에너지를 쏟아야 하니 그 외에 다른 생각에 에너지가 닿기 힘들다. 가까스로 에너지가 닿는다 하더라도 그 시작은 학교에서 하던 고민에서 뻗어 나온 것이니, 결국은 학교에서의 배움과 활동이 밭의 흙을 갈아 놓았던 셈이다.

내가 영국에서 다닌 학교는 그전에 여행하며 졸업 전시를 구경하던 런던의 학교들과는 결이 달랐다. 시골에 위치한 자그마한 이 학교는 실무에 중점을 두었고 특히 1년 만에 학위를 따는 석사 과정엔 이미 직장을 다니는 사람이 절반 이상이었다. 그래서 졸업 작품도 실제 현장에서 진행될 만한 작업들이었다. 여느 졸업 과제전과 마찬가지로 학생들은 온 힘을 다했다. 다만 그 힘을 다하는 과정이 한국에서 봐왔던 것처럼 일주일 동안 잠을 거의 안 자다시피 작업을 한다거나 더 나은 결과물을 위해 후배를 동원하는 식은 아니었다. 학교 작업실은 언제나처럼 밤 10시면 문을 닫았고 다음 날 다시 본 친구들은 충분히 쉬고 돌아온 모습이었다.

5월에 있을 졸업 전시의 프로젝트를 개시하는 건 1월이다. 영국에 온 지 겨우 4개월이 지나 모든 것이 정신없이 지나가고 적응이라는 단어도 무색할 시점에 내가 하고 싶은 프로젝트를 정해야 했다. 학부 때 조경을 공부한 나는 정원 디자인이 조경 디자인과 어떻게 다른 건지, 정원 디자인이라는 게 뭔지도 파악하지 못한 상태였다. 그 와중에 내가 하고자 했던 작업은 도시를 사는 사람들이 따로 시간을 내서 찾아가는 정원이 아닌 일상에서 마주칠 수 있는 치유의 공간이었다. 나중에서야 '에브리데이 어바니즘 Everyday Urbanism'이라는 개념이 도시계획 분야에 있다는 걸 알게 됐지만, 당시엔 '서울에서 나의 일상이 왜 척박했을까'라는 질문을 꺼내며 나 자신을 돌아보는 데서 출발했다.

서울에서 회사를 다닐 때 나는, 바로 걸어가면 10분 거리를 굳이 공원을 지나치는 길로 에돌아가서 20분을 넘게 걸어 지하철을 타러 갔다. 퇴근 때도 역에 내려 아침보다 더 천천히 둘러 걸으며 집으로 갔다. 야근이 잦은 데다 아침잠을 좋아하는데도 불구하고 일찍 일어나 집을 나선 이유는, 그 시간만이 내가 자연과 가까이 있으며 마음이 차분해질 수 있는 때였기 때문이다. 역에 내려서는 보도블록이나 아스팔트 위를 걸어 사무실로 가서 빌딩들이 빼곡한 강남에 하루 종일 있어야 했다. 계절이 어떻게 변해 어떤 식물이 새로 피어나는지, 아침 빛은 어떤 온도와 색을 띠는지 알아차릴 겨를이 없었다. 그렇다고 일하는 시간을 줄이거나 집에서 일하는 식으로 업무 체계를 바꾸는 건 언감생심이었다. 그렇다면 매일 사람들이 이용하는 버스 정거장이나 지하철역 같은 공간을 정원으로 만들면 어떨까? 이런 고민을 토대로 졸업 전시 프로젝트를 진행했다.

졸업 작품/과제 대상지를 어디로 하면 좋을까 고민하는 와중에 런던에 갈 때면 자주 들르는 복스홀Vauxhall 역이 떠올랐다. 기차와 지하철 정거장을 겸할 뿐만 아니라 역 앞 버스정류장에도 많은 노선이 오가는 제법 큰 역이다. 그 역 앞에 삼각형 모양의 빈 땅이 있다. 약간의 잡초가 나 있고 아무도 쓰지 않는 텅 빈 공간이다. 그곳에 소음을 줄여주고 공기정화를 해주면서 도시 한복판에서도 잘 살아남는 식물들로 정원을 디자인했다. 그에 더해 사람들이 나비나 새를 관찰하거나 자연의 변화를 알아차리는 것이 정신건강에 실제로 도움이 된다고 밝힌 한 연구 내용에 따라, 벌과 나비 그리고 새가 좋아하는 식물들을 고려해 식재를 구성했다. 그리고 여기에 "작은 평화 한 조각A piece of peace"이라는 이름을 붙였다.

설계 수업 중에는 엘리베이터 피치Elevator pitch라는, 런던 시장이나 지역 담당자와 엘리베이터를 같이 타게 되었을 경우를 대비하여 시장을 설득할 수 있는 1분 모의 스피치를 연습하는 시간도 있었다. 모든 학교의 전시 수업이 학생들에게 습득시키고자 하는 기술이 바로 발표와 설득이다. 업무의 대부분이 디자인일지라도 상사나 고객에게 그 디자인을 설득시키지 못하면 무용지물일 테니까 말이다.

5월이 되자 등나무의 연보랏빛 꽃이 교내의 퍼걸러pergola마다 주렁주렁 열리고 보라색의 알리움Allium 꽃이 둥실둥실 피어

전시 시작일이 다가오자 전시 공간엔 농장에서 바로 가져온 듯한 식물들이 한바닥 펼쳐졌다. 학부생들이 식물을 사다 직접 전시 공간을 꾸며놓아 안팎으로 식물 에너지가 가득 찼다.

올랐다. 여름의 시작이었다. 전시 시작일이 다가오자 전시 공간엔 농장에서 바로 가져온 듯한 검은 플라스틱 용기에 든 식물들이 한바닥 펼쳐졌다. 학부생들이 식물을 사다 직접 전시 공간을 꾸며놓아 안팎으로 식물 에너지가 가득 찼다.

　전시 당일 아침엔 미리 정해진 순서대로 패널을 출력하고 각자 배정받은 벽에 설치했다. 벽에 큰 패널을 붙이고 나니 그제서야 졸업 전시를 한다는 게 실감됐다. 본격적으로 전시가 시작되자 교수님들과 몇몇 졸업생 그리고 조경회사 사람들까지 줄줄이 나타났다. 학교 측에서는 와인을 준비했고 전문 사진가는 전시장 풍경과 각각의 작품을 열심히 사진기에 담았다. 파티 분위기의 전시장은 새로운 사람들을 알아가기 좋은 사교의 공간이 되었다. 전시자들은 작업에 관심을 보이거나 질문을 하는 방문자들에게 기꺼이 열과 성의를 다해 설명했다.

　나의 졸업 설계인 〈작은 평화 한 조각〉 프로젝트는 주변 거주자들에게 역까지 지름길을 제공하면서 지하와 지상을 이어주는 선큰sunken 공간을 만들어 입체적인 공간을 제안했다. 소음을 줄여주는 여러 생울타리(유럽서어나무, 서양주목Taxus baccata, '다니카' 향나무Thuja occidentalis 'Danica', 델라베이 목Osmanthus delavayi, 가이스카향나무Thujopsis dolabrata)와 바람에 흔들리는 잎으로 백색소음을 주는 나무들(은자작나무Betula pendula, 잭큐몬티 히말라야 자작나무Betula utilis var. jacquemontii, 오죽Phyllostachys bambusoides 'Castillonii'), 그리고 어두운 새벽이나 밤에도 조명 아래서 환하게 피어 있는 벚나무Prunus serrulata류와 꽃향기로 길을 이끄는 서양배나무Pyrus communis 등이 주요 구성 수목이었다. 디테일이나 디자인으로는 부족함이 많은 작품이었겠지만 '일상'을 디자인했다는 점에서 적지 않은 공감을 얻었다.

　　공간 디자인은 우리 삶에 녹아들어 삶의 부분들을 바꿔낸다. 이때 그 디자인은 어딘가 불분명한 허공에서 온 것이 아니라, 우리가 일상에서 경험했던 작고 소소한 순간들이 뇌 어딘가에 저장되어 있다가 표면으로 떠오른 것들이다. 이 삼각형 한 조각의 공간을 디자인할 때, 지친 퇴근길에 맞이한 봄 밤의 벚꽃이나 반갑게 스친 라일락 향기 같은 내 일상의 따뜻한 순간들이 빈 도면에 스며들었던 것처럼.

자연을 배우는 사람:
베스 샤토 가든

주말에 한인마트를 가는 길에 책방이 보였다. 점점 줄어들고 있다고 하지만 아직도 런던에서는 길을 걷다가 심심치 않게 크고 작은 서점을 볼 수 있고, 그곳들마다 각자 독특한 분위기를 갖고 있다. 가히 '서점의 도시'라 할 만하다. 이날 마주친 서점은 토트넘코트로드Tottenham Court Road에 있는 워터스톤스Waterstones로, 총 세 개 층으로 구성된 대형서점이다. 서점 문을 들어서서 예술 분야를 찾아 지하층으로 내려갔다.

정원 디자인과 건축, 그리고 예술 분야는 항상 가까이에 배치되어 있다. 서가 이곳저곳을 둘러보다가 표지가 예쁜 책을 꺼내들었더니 베스 샤토Beth Chatto가 쓴 『정원 일기Beth Chatto's Garden Notebook』다. 서문의 첫 장을 펼치자마자 바로 읽고 싶다는 생각이 간절했다. 문득 고개를 들어보니 이 서점에는 커피와 술을 같이 파는 공간이 있었다. 따뜻한 카푸치노를 주문하고는 테이블에 앉

베스 샤토의 글을 읽을 때면 그의 정원을 읽는 것 같다. 매일 정원의 변화를 관찰하는 사람이니 이렇게 아름다운 글을 쓰는 것도 놀라울 일은 아니다.

아 방금 구입한 책을 펼쳐 들었다.

베스 샤토의 글을 읽을 때면 그의 정원을 읽는 것 같다. 매일 정원의 변화를 관찰하는 사람이니 이렇게 아름다운 글을 쓰는 것도 놀라울 일은 아니다. 글을 쓴다는 건, 우리의 감각을 일깨워 '인지'하며 살아간다는 의미이기도 하니까 말이다.

시시각각 변하는 정원을 관찰하며 써내려간 일기를 읽고 있으니 겨울에 타닥타닥 장작 타는 소리를 들으며 그의 정원 안에 있는 상상을 품게 된다. 책의 서문을 적은 몬티 돈Monty Don은, 베스 샤토가 식물을 아는 것know뿐 아니라 이해하고understand 있다고 했다. 아는 것과 이해하는 것은 다른 차원이다. 정원 디자인과 가드닝은 정답으로 규칙대로 이루어지지 않기 때문에 그 하나하나의 식물을 이해하는 것이 정원 일을 업무로 만드느냐 즐거움으로 만드느냐의 차이를 준다. 어떤 대상을 사랑하게 되면 잘 알게 되고, 이해하고 싶어진다는 말이 여기에 잘 들어맞는다.

영국에 온 지 채 한 달도 안 되었을 때, 정원 디자인 과정의 담당 교수였던 질이 대학원생인 테루와 나에게 학부생 답사수업에 같이 가자고 제안했다. 영국에 정원을 배우러 왔으면 최대한 많이 가서 직접 보아야 한다는 것이었다. 그렇게 베스 샤토의 정원을 처음 찾았다.

학생 열 명 정도를 태운 질 교수의 미니밴이 한 시간 정도를 달려 정원에 도착했다. 정원 입구에 서 있는, 키가 10미터도 넘어 보이는 유칼립투스Eucalyptus dalrympleana 나무의 기다랗게 늘어진 잎들이 이리저리 바람에 흔들리고 있었다. 정원으로 들어서는 자갈길을 걷는 발 아래로 자그락자그락 소리가 났다. 우리는 마치 풀어놓은 강아지 같았다. 정원의 식물을 만져보고 향기를 맡아보며, 이미 알고 있던 식물을 보면 반가움에 아는 체하고, 처음 보는 식물은 궁금증을 품고 다가갔다. 램스이어Lamb's ear, Stachys byzantina를 만지작거리며 양의 귀를 만지는 감촉이 이럴까 상상해보고 있을 때 질이 슬쩍 다가와 식물에 대한 설명을 곁들여주었다. 램스이어는 은빛의 잎으로 여름에는 아름다운 보라색 꽃이 피지만 겨울엔 보기 썩 좋진 않으니, 이런 성질을 고려해서 식재 계획을 세워야 한다는 이야기였다.

정원 초입에는 베스 샤토를 유명하게 해준 그의 자갈 정원 Gravel Garden이 자리 잡고 있다. 그는 이 불모지에 기후 환경이 척박한 지역의 땅을 토대로 삼아 그 땅에 맞는 식물을 키워냈다. 건조한 땅에 잘 견디는 식물로 이루어진 자갈 정원에는 한 번도 사람이 물을 준 적이 없다. 새로운 식물을 심어보고 그것이 죽으면 '너의 자리가 아니었나 보다' 하고, 잘 자라면 그와 비슷한 환경에서 그 식물을 계속 키워가는 방식으로 가꾸어왔다. 그러다 보니 이곳에선 정원을 조성할 때 반드시 필요한 도면을 미리 그린 적이 없다고 한다.

정원 초입에는 베스 샤토를 유명하게 해준 그의 자갈 정원이 자리 잡고 있다. 그는 이 불모지에 기후 환경이 척박한 지역의 땅을 토대로 삼아 그 땅에 맞는 식물을 키워냈다.

처음 정원에 들어섰을 때의 흥분이 서서히 가라앉을 즈음, 이 곳의 정원가 중 한 명인 마크가 우리를 인솔하기 위해 다가왔다. 단체로 예약을 하면 이처럼 정원가의 안내를 받을 수 있다. 정원에 대해 설명을 듣고 배우는 즐거움에 더해, 정원가의 곁에서 그들의 활력을 느낄 수 있는 건 덤으로 얻는 큰 선물이다. 정원가에게 이 모든 공간과 식물은 그들이 매일 가꾸고 사랑하는 자식과 같기 때문에, 이에 대해 이야기할 때는 그 누구보다 에너지가 넘치고 눈이 반짝인다.

마크는 물의 정원Water Garden을 지나 새로 가꾸고 있는 저수지 정원Reservoir Garden으로 우리를 이끌었다. 화려한 무대 뒤의 백스테이지처럼, 일렬로 심긴 모종들과 그들이 심기길 기다리는 빈 화단의 모습이었다. 방치되었던 땅에서 무려 1년도 넘는 시간 동안 흙을 솎아내고 또 손으로 일일이 잡초를 제거하는 과정을 거치고 있었다. 그리 넓지도 않은 땅이라 포크레인과 제초제를 사용할 경우 한 달이면 끝날 일을 1년이 넘도록 하다니. 이들은 충분한 시간을 들여 땅과 흙을 알아가고, 자연과 함께 회복하는 방식으로 땅을 가꾸고 있었다.

꽃이 지천으로 피고 잎이 풍성한 여름을 지나 가을이 되면 초화류의 식물은 대부분 꽃이 지고 나무는 낙엽을 떨군다. 그때 그라스류는 꽃을 피우면서 더 풍성한 형태가 되어 정원의 구조적 역할을 하게 된다. 그라스를 보면 '하늘 아래 같은 갈색은 없다'라는 말이 실감 난다. 각기 다른 질감, 색, 키, 그리고 볼륨감을 가진 그라스들 덕택에 가을 정원은 한껏 더 풍성해진다.

그중에서도 내가 한눈에 반한 그라스는 실새풀Calamagrostis arundinacea이다. 한국 시골길을 걷다 보면 여기저기서 쉽게 볼 수 있는 풀이 영국 정원에서 부서지는 햇살을 받으며 그 넉넉한 줄기들을 뽐내고 있었다. 앞으로 정원을 디자인한다면 꼭 이 식물을 쓰겠노라 마음먹었는데, 얼마 지나지 않아 다음 해 서울정원박람회에서 실새풀을 식재할 수 있었다.

어둡고 긴 겨울을 지나고, 이듬해 봄에 또 다시 베스 샤토의 정원을 찾았다. 화려했던 가을의 꽃과 그라스 대신, 상록의 나무와 수피가 화려한 말채나무Cornus walteri가 정원을 꿋꿋이 지키고 있었다. 정원의 가장 깊숙이 자리한 소림 정원Woodland Garden에는 크리스마스 때부터 봄을 기다리며 남아 있는 보라색의 크리스마스로즈, 헬레보루스Helleborus 꽃과 노란색의 수선화, 그리고 그 사이로 앙증맞은 흰색의 설강화가 카펫처럼 깔렸다. 최대한 몸을 낮춰 꽃의 사진을 찍다 보면 부드러워진 흙내음이 배어난다. 흙을 만져보지 않더라도, 겨울을 지나 올라오는 꽃송이를 보며 흙이 따뜻해지고 부드러워졌음을 알 수 있었다. '봄은 우리 가장 가까이에 있는 기적'이라는 말이 코끝과 손끝으로 느껴졌다.

그라스를 보면 '하늘 아래 같은 갈색은 없다'라는 말이 실감 난다. 그중에서도 내가 한눈에 반한 그라스는 실새풀이다.

정원 투어의 마지막은 식물숍과 티룸이다. 1960년대부터 시중에서는 잘 판매되지 않는 식물을 키우고 선보여온 이 식물숍은 2천 종이 넘는 식물을 전시, 판매하고 있다. 반짝이는 눈으로 그 다채로운 공간을 둘러보고 나면, 그저 이 식물을 심을 나만의 정원을 갖고 싶다는 생각밖에는 들지 않는다. 질 교수는 그곳을 들를 때마다 모종 한두 개씩을 꼭 사서, 돌아가는 차 조수석에 신는다. 식물숍을 구경하고 어디에 뭘 심을지 상상하는 그 시간들이 얼마나 행복한지, 돌아가는 내내 설레는 표정을 머금고 있다.

나만의 정원이 없다는 생각으로 상심에 젖을 때, 그 마음을 달래줄 수 있는 건 달콤한 스콘이다. 티룸으로 들어서자마자 스콘의 달콤한 향기에 저절로 미소를 짓게 된다. 스콘 하나와 홍차를 시키자 누군가 뒤에서 크림티를 시키는 게 더 좋다고 알려줬다. 크림티는 일종의 세트 메뉴로 차와 스콘 그리고 잼과 클로티드 크림이 함께 나온다. 이때부터 정원 구경 후 티룸에서 크림티를 먹는 게 나의 습관이 되었다. 내게 '정원을 가고 싶다'는 말 안에는, 햇살 아래 정원을 다 돌고 나서 티룸에서 크림티를 먹고 싶다는 의미까지 포함된다.

찻주전자와 찻잔, 그리고 스콘, 크림과 잼으로 빼곡한 쟁반을 조심스레 받아 들고는 야외 테이블로 나왔다. 따뜻한 햇살을 받으며 다들 여유롭게 차를 마신다. 이렇게 스콘을 먹을 때면 어김없이 돌아오는 대화 주제는 '크림 먼저 vs. 잼 먼저'다. 클로티드 크림은 우유를 천천히 저어가며 끓여 만든 진득한 크림이다. 상온에 놓아둔 버터처럼 부드럽지만 더 진하고 달콤하다. 스콘을 주문하면 기본적으로 클로티드 크림과 잼이 같이 나오고 이 둘을 같이 발라 먹는데, 신기하게도 사람들이 각자 바르는 순서가 다르다. 여기에는 저마다 구체적인 이유가 있다. 나는 잼을 바른 나이프로 크림이 더럽혀지는 게 싫어서 크림 먼저 바르고 잼을 올려 먹는다. 그러나 누군가는 잼을 먼저 발라 빵이 촉촉해지게 만든 후 크림을 올려야 한다, 아니면 제일 먼저 입술에 닿는 크림의 촉감이 좋다는 등의 이유로 잼을 먼저 바르고 그 위에 크림을 바른단다. 스콘을 먹는 시간 내내 이 이야기만 이어갈 수 있을 만큼 첨예한 주제다.

찻주전자가 가벼워지고 스콘은 부스러기만 남을 때쯤이 되면, 질 교수는 테이블을 돌며 남은 음식물 쓰레기와 티백을 모아간다. 집 정원에 퇴비로 사용하기 위해서다. 본인의 정원에 퇴비까지 만들어 사용하는 사람들은, 양질의 퇴비를 만드는 게 최고의 자랑 중 하나다. 음식물이나 식물의 초록 부분을 묵혀 영양이 듬뿍 든 흙으로 탈바꿈시키는 것이다. 정원 투어는 그렇게 우리가 먹고 남은 음식들을 다시 땅으로 되돌려보내는 과정으로 마무리된다.

처음 정원을 방문했을 때는 2016년, 그러니까 베스 샤토가 94세의 연세로 돌아가시기 불과 2년 전이었다. 가이드를 해준 마크는 정원 한편에 자리하고 있는 집을 가리키며, 저 집이 베스 샤토가 머무는 집이라고 했다. 그때까지도 그는 매일 아침 휠체어에 앉아 정원을 돌며 곳곳을 관리했다. 건조한 땅에는 건조함에 강한 식물을, 습한 땅엔 습함을 좋아하는 식물을 심으며 그는 "올바른 땅에 올바른 식물을Right plant, right place"이라는 명언을 남겼다. 불모지였던 땅에 수많은 식물들을 심어보고 실험하며 자갈 정원, 물의 정원, 그늘진 산책길Long Shady Walk, 저수지 정원, 그리고 소림에 이르기까지 최고의 정원을 만들었다. 어쩌면 이때 마음을 먹었던 것 같다. 나도 세상을 떠나는 날까지 자연을 배우는 사람이 되겠다고.

런던 비밀정원의 봉사자:
첼시 피직 가든

사치 갤러리와 상점가로 유명한 런던 첼시에는 담장으로 둘러싸인 비밀정원이 있다. 처음 찾아갈 땐 입구를 못 찾아 그 주변을 한참 서성였다. 큰 길가가 아닌 작은 골목으로 난 입구는 그마저도 덩쿨에 덮혀 있어 이상한 나라의 앨리스가 토끼굴로 향하는 것처럼 고개를 숙이고 들어가야 한다. 매표소를 지나면 런던 골목길 풍경과는 180도 다른 화창하고 평화로운 정원이 펼쳐진다.

1673년 약제사들이 약초를 기르고 연구하기 위해 조성한 이곳은 영국에서 가장 오래된 식물원botanic garden 가운데 하나다. 정원 이름에 들어간 '피직physic'은 이곳이 막 조성된 시절에 'pertaining to things natural as distinct from the metaphysical'을 의미했다고 하는데, 번역하면 '형이상학과는 다른 자연스러운 것들에 관한 것' 정도일까. 현대 영어에서 'physic'이라

는 단어는 '의약품medical drugs'과 '치유의 기술the art of healing'
이란 뜻을 가지고 있으니 이 정원의 이름은 앞서 언급한 모든 뜻
을 담았다고 볼 수 있다.

　논문을 끝으로 학교 생활을 마무리짓고 내가 나에게 준 몇 달
의 유예 기간 동안 런던의 정원에서 일하기로 마음 먹었다. 일주
일에 하루 정도 봉사자로 일하고 싶다는 얘기를 꺼내자 미즈노가
첼시 피직 가든을 추천해줬다. 미즈노는 일본 유학생으로, 조용
하고 말수가 적었지만 필요한 말은 강단 있게 하는 성격이었다.
전년도 여름에 그곳에서 인턴으로 일했는데, 크기가 크지 않으면
서 관리가 잘되고 있어서 식물을 배우며 일하기에 좋다고 했다.

　그렇게 해서 여름에 지원했던 정원 봉사는 가을이 되고야 시
작할 수 있었다. 여름 휴가 시즌이라 모든 업무가 느리게 흘러가
기도 했고, 지원자가 많아 서류 검토가 오래 걸렸다고 했다. 인터
뷰를 하고 나서도 수석 정원사는 지원서에 참고사항으로 적은 질
교수님께 연락해서 내가 봉사자로 적격한지 확인했다. 처음엔 내
가 돈을 받는 것도 아니고 봉사를 하겠다는데 뭐 이렇게 절차가
많고 오래 걸리나 싶었는데, 첫날 일을 하고 나니 바로 이해할 수
있었다. 우선, 정원의 시설 규모상 일정 인원 이상이 같이 일하기
쉽지 않다. 가드닝 도구, 식사 공간, 다 같이 차를 마실 수 있는 환
경이 최대 열 명이 활동할 정도로 유지되어왔던 것이다. 게다가
수석 정원사 한 사람이 나머지 사람들을 관리하는 것에도 한계가

사치 갤러리와 상점가로 유명한 런던 첼시에는 담장으로 둘러싸인 비밀정원이 있다. 매표소를 지나면 런던 골목길 풍경과는 180도 다른 화창하고 평화로운 정원이 펼쳐진다.

있었다.

첫날은 시작 시간보다 좀 더 일찍 도착했다. 방문객들이 이용하는 출입구가 아닌 일하는 사람들만 이용하는 다른 쪽 문을 이용하라는 안내를 받았다. 지어진 지 백 년도 훌쩍 지나 보이는 오래된 벽돌 건물만큼이나 세월의 흔적이 보이는 나무문에는 금속으로 숫자 66과 그 밑에 'Chelsea Physic Garden'이라는 글자가 작게 적혀 있었다. 문 옆에 달린 인터폰의 작은 버튼을 누르고 이름과 함께 봉사자임을 밝히면 삐— 소리가 나면서 문이 열린다. 꼭 비밀요원이 된 느낌이다. 사무실에 가서 수석 정원사인 콜레트를 만나 소방 안전을 포함한 전반적인 교육을 받았다. 정원의 역사가 적힌 출력물을 받아 들고, 안전 교육을 이수했다는 서명까지 마치고 나서야 정원사들의 휴게 공간으로 안내받을 수 있었다. 다른 정원사들과 인턴, 그리고 나와 같은 수요일 봉사자인 토머스, 샬럿과 두루 인사를 나눴다. 탁자 위엔 각자 오전과 오후로 나누어 무슨 일을 해야 하는지 적힌 종이가 놓여 있었다.

하루 일과는 이렇다. 인턴들은 한 시간 일찍 와서 추가로 공부를 하거나 다른 일을 하고, 다른 직원들이나 봉사자들이 9시에 출근하면 그때 다 같이 작업을 시작한다. 수석 정원사가 짧게 업무 브리핑을 끝내면 바로 밖으로 나가 자신이 맡은 구역으로 향한다.

아침 첫 업무는 자갈길 정비다. 정원 개장 시간인 열 시가 되기 전, 전날 흐트러진 길의 자갈들을 입구에서부터 다시 고르게 펴준다. 호hoe라고 부르는 괭이로 자갈을 이리저리 고를 때면, 자그락자그락 하는 소리가 고요하게 퍼진다. 오전 티타임쯤이 되면 길은 이전보다 눈에 띄게 정갈해진다. 10시 15분이 되면 다들 하던 일을 멈추고 휴게실로 가 15분간 티타임을 갖는다. 제일 먼저 도착한 사람이 자연스럽게 주전자에 물을 가득 채워 올려놓으면, 모두 탁자 주변에 둘러앉아 챙겨 온 간식을 꺼낸다. 아무래도 아침부터 몸을 움직이고 나면 허기가 지기 때문에 바나나 같은 간식을 꼭 챙긴다. 바나나 껍질이나 티백 같은 음식물 쓰레기는 퇴비 통에 따로 버린다. 퇴비가 얼추 쌓이면 정원 가장 안쪽에 있는 퇴비 창고에 옮겨 다른 퇴비와 함께 다시 정원으로 돌아갈 준비를 한다. 바나나를 반쯤 먹었을 때 주전자 물이 끓으면 얼른 커피나 차를 만들어 홀짝이며 수다를 떤다. 그러다 보면 어느새 15분이 훌쩍 지나 있고, 다시 몸을 일으켜 정원으로 향한다.

　가을의 주된 정원 일은 낙엽 줍기다. 바삭하게 마른 낙엽 위로 바스락바스락 소리를 내며 걷는 게 한국 가을의 풍경이라면, 영국의 가을은 비가 추적추적 자주 와서 젖은 낙엽이 축 늘어져 붙은 모습을 먼저 떠오르게 한다. 정원 중심에 있는 한스 슬론 경 Sir Hans Sloane 동상 근처에는 영국에서 보기 어려운 키 큰 은행나무Ginkgo biloba 두 그루가 서 있다. 샛노랗게 물드는 단풍은 그어떤 나무보다 가을의 풍취를 돋우어주지만, 떨어지는 잎들을 다

주워내야 하는 정원사에겐 일거리가 되고 만다. 다행히 열매를 맺지 않는 수나무이지만, 어쩐지 축축한 노란 잎에서 은행 열매의 쿰쿰한 내음이 살짝 배어 있는 것 같다. 주워도 주워도 끝이 없는 낙엽 줍기는 나무가 앙상해져야 끝이 난다. 몇 주간 이어지는 낙엽 줍기가 끝나는 날, 겨울은 성큼 다가온다.

비가 자주 오는 가을 겨울엔 종종 빗속에서 일을 한다. 하루는 점심을 먹고 나서부터 비가 내리기 시작했다. 이럴 때를 대비해 다들 방수가 되는 겉옷을 입거나 우비를 챙겨 온다. 나도 우비를 꺼내 입고 다시 정원으로 나섰다. 정원 가장 안쪽으로 키가 큰 나무, 그 아래 키가 좀 더 작은 나무, 그리고 초화류가 조화롭게 자라고 있는 소림 정원에서 잡초를 뽑았다. 작업 방석을 깔고 그 위로 무릎을 꿇고 앉아 나뭇가지 사이를 이리저리 비집고 다녔다. 잡초를 골라내려고 흙을 뒤적이고 있으면 주변으로 작은 개구리가 잠결에 놀라 몸을 피한다. 겉흙만 물에 젖었을 뿐 안쪽 흙은 아직 부드러워 비 냄새에 흙 냄새까지 겹쳐진다. 나를 둘러싼 나무 사이로 새들이 날아다니며 지저귀고, 나뭇잎과 우비에 또록또록 떨어지는 빗소리가 선명하다. 정원에 가장 가까이 있던 그 시간은 온전히 자연과 하나가 되는 경험이었다.

12시 45분부터 시작되는 점심시간엔 각자 가져온 샌드위치나 도시락을 들고 둘러 앉는다. 볕이 좋은 날엔 야외 테이블에 앉기도 한다. 다들 조곤조곤, 식사를 하며 이야기를 나누다가 차를

'호'라고 부르는 괭이로 자갈을 이리저리 고를 때면, 자그락자그락 하는 소리가 고요하게 퍼진다. 오전 티타임쯤이 되면 길은 이전보다 눈에 띄게 정갈해진다.

마신다. 처음 만난 사람들과 대화를 할 때, 상대방을 있는 그대로 봐주려는 사람들이 있다. 나의 배경에 대해 설명하느라 애쓸 필요 없이 자연스레 대화를 나눌 수 있는 사람. 샬럿과는 처음 만나자마자 그런 느낌이 들었다. 샬럿은 10년 전쯤 런던에 있는 건축학교인 AA스쿨 내의 책방에서 일했다. 내가 10년 전 런던 여행 때 그곳에 들렀다고 하니, 우리가 만났을 수도 있겠다며 반가워했다. 우리는 그렇게 가까워졌다. 그 후로 건축, 여행, 식물 등 여러 주제로 대화를 나누며 따로 외부 강연도 같이 갈 정도로 친한 사이가 되었다. 런던에서 건축 책방을 하다가 독일로 건너가 예술 서점을 운영하고 다시 두 번째 직업으로 정원가를 선택한 그에게서, 저 아래 깊은 구석까지 자유로움이 느껴졌다.

낙엽 줍기가 끝난 정원은 겨울 준비에 들어간다. 추위에 약한 식물은 그 위로 유리 가림막을 씌워주거나 아예 따로 화분에 옮겨 심어 온실로 데려온다. 온실 작업이 많아지는 시기인 만큼 화분을 정리하는 작업도 덩달아 늘어난다. 큰 통 위에 철망을 씌우고 그 주위에 둘러 서서 화분의 흙을 통 안으로 붓는다. 큰 돌멩이는 철망에 걸리고 남은 흙만 통에 쌓인다. 그렇게 흙을 털어낸 화분은 다시 수돗가에서 물로 깨끗하게 씻어준다. 깨끗해진 화분을 난로 옆에 뒤집어 쌓아두면, 다음 날 다시 새 화분으로 내보낼 준비가 끝난다.

12월 중순, 마지막으로 화분을 씻어 정리해두고는 다 같이 옷을 갈아입고 정원 식당으로 모였다. 크리스마스쯤부터 새해까지 2주 동안은 정원 문을 닫고 일하는 사람들도 휴가다. 모두가 정원을 비우기 전에 크리스마스 파티를 연다는 안내문이 전달되었다. 참가를 할지 말지는 자유인데, 일도 30분 일찍 끝내주는 데다가 따뜻한 뱅쇼와 쿠키가 있는 파티에 가지 않을 이유가 없다. 오후 3시가 넘어가자 하늘이 어둑해지고 야외 테이블에 크리스마스 리스와 함께 올려진 손전등 불빛과 건물에서 새어 나오는 빛이 길을 밝혔다. 카페엔 말린 오렌지 조각, 수국Hydrangea macrophylla 그리고 솔방울로 장식된 크리스마스 트리가 서 있었다. 접시엔 각종 쿠키들이 홀리holly라고 불리는 호랑가시나무Ilex cornuta 잎과 빨간 열매로 꾸며져 있었다.

다들 뱅쇼가 든 빨간 컵을 들고 손을 녹였다. 넓은 카페엔 직원들 외에도 후원자와 기부자로 북적였다. 개인이 정원을 후원한다는 생각은 한 번도 해보지 못했는데, 이렇게나 많은 사람들이 이 보석 같은 정원을 위해 마음을 쓰고 도움을 주기 때문에 정원이 더 아름다워질 수 있다는 걸 깨달았다. 기부자를 한 명 한 명 불러 감사의 말을 전하고 다 같이 크리스마스 노래를 부르는 것으로 짧고 따뜻했던 크리스마스 파티는 끝이 났다.

봄은 정원사에게 1년 중 가장 바쁜 계절이다. 땅이 부드러워지기 무섭게 잡초가 올라오는 동시에 다시 찾아오는 꽃샘추위와

늦서리에도 대비해야 한다. 새로운 식물이 심기길 기다리는 화단에는 클로버Trifolium sp. 씨를 뿌려 녹비로서의 역할을 기대한다. 비워둔 흙에 곧 클로버가 잎을 피우면 지면의 빛을 차단해 잡초가 올라오는 걸 막아줄 뿐 아니라, 클로버의 뿌리는 공기 중의 질소를 흡수하고 표토가 손실되는 걸 막아준다. 덩굴식물에는 지지대를 하나하나 세워 그것이 자라는 길을 열어준다. 또 회양목 Buxus sinica 같은 생울타리의 모양을 정리하고 올리브나무Olea europaea도 전정을 통해 수형을 다듬어준다. 자작나무 아래엔 발목보다 낮은 키의 흰 선갈퀴Galium odoratum가 카펫처럼 깔려 은은한 향이 공기에 잔잔히 흐른다.

하루가 다르게 꽃이 피고 새싹이 올라오는 동시에 정원을 방문하는 이들도 많아져 봄의 정원엔 활기가 가득하다. 봄을 한껏 즐긴 튤립은 늦은 봄 꽃을 잘라주고 구근은 땅에서 꺼내 따로 보관한다. 그 빈자리는 서머베드summer bed라는 이름의 공간으로 여름을 준비하게 된다. 여름에 피는 보랏빛의 꽃 살비아Salvia officinalis, 제라늄Pelargonium inquinans, 절굿대Echinops setifer, 아프리칸 데이지Osteospermum ecklonis에 노란색의 큰금계국Coreopsis lanceolata으로 강조점을 주기로 했다. 화단에 긴 대나무로 격자를 만들어 구역을 나누고, 한 구역당 6~9개가량의 모종을 화분째 올려두어 틀을 잡는다. 수석 정원사 닐에게 배치를 확인받고 나면, 한 사람당 격자 하나씩 맡아 모종을 심기 시작한다.

기본적으로 흙이 부드러워 작은 모종은 손바닥 크기의 모종삽으로도 손쉽게 심지만, 큰 모종의 경우 발로 밟아 누르는 큰 삽으로 해야 더 쉽게 땅을 파낼 수 있다. 격자 하나를 끝내면 또 새로운 격자로 옮겨 가고 그렇게 조금씩 화단이 완성되어간다. 하루 일과가 거의 끝날 시간이 되자 본래 땅 위에 올려져 있던 식물들은 어느새 다 땅속으로 자리를 옮겼다. 이제 여름이 여물어가기를 기다리며 식물이 어떻게 자라나는지 지켜보는 일만 남았다. 늦여름이 되면 꽃이 만발하면서, 줄을 맞춰 나란히 서 있던 모습은 사라지고 한데 어우러져 미모를 뽐낸다. 방문자들이 쪼그려 앉아 식물 사진을 찍을 때면 그 모습이 그렇게나 뿌듯하고 기분 좋다.

첼시 피직 가든은 정원에서 하루를 보내고 온 날 밤에 누리는 숙면의 즐거움을 알게 해줬다. 그에 더해 정원 관리의 중요성과 흙의 부드러움이 주는 편안함도 배웠다. 흙이 부드러우면 정원 일은 노동이 아닌 놀이가 된다. 손으로 쓱쓱 파내 식물을 심고 다시 손으로 흙을 정리해주는 기억은 오래도록 손끝에 남는다. 평일 낮 정원을 거닐며 즐기는 와인 한잔, 아이들의 깔깔대는 웃음소리, 그리고 손을 꼭 잡고 산책하는 노부부를 보며 이 작은 정원이 도시와 그 안에 사는 사람들에게 주는 에너지도 느낄 수 있었다. 언제든 다시 런던을 찾는다면 제일 먼저 이곳에 방문할 것이다. 언제 가도 따뜻한 아름다움을 선사할 것이라는 믿음이 있는

첼시 피직 가든의 서머베드. 여름에 피는 보랏빛의 꽃 살비아, 제라늄, 절굿대, 아프리칸 데이지에 노란색의 큰금계국으로 강조점을 주었다.

정원, 그곳에 내 손길이 담겼다는 사실에 뿌듯해진다. 내 손으로 만들어내는 일로써 작은 생태계 그리고 공동체에까지 긍정적 영향을 미칠 수 있는 공간이 많아지길 꿈꿔본다.

첫 번째 인터뷰:
구직

런던에서 구직 인터뷰를 하러 가기 전에 들른 카페가 하필, '엄마! 나 봐! 두 손 놓고 타!Look mum, no hands!'라는 이름이라니. 좋은 결과를 기대하게 되면서도 떨리는 마음에 계속 커피잔을 만지작거린다. 이렇게 긴장될 줄 알았으면 마음이 진정되는 카모마일차를 마실 걸 그랬다.

학기를 마치고 잠시 한국에 머물면서, 포트폴리오를 마무리한 뒤 영국 조경가협회Landscape Institut, 영국의 조경직업전문기관에 뜬 구인 공고를 보고 여기저기 이메일을 보냈다. 답장은 거의 오지 않았다. 어떤 자신감이었는지 모르겠지만, 인터뷰만 볼 수 있으면 그다음은 잘될 거라고 생각했다. 그래서 인터뷰에 대비해 나의 작업들을 정리해서 포트폴리오 제본으로 만들 계획을 세웠다. 아무래도 손으로 만져지는 것을 더욱 신뢰하지 않을까.

조명을 고르거나 레이저 커팅을 하러 가던 을지로에 이번엔 종이를 보러 갔다. 그곳의 두성종이사는 한국에 있는 종이란 종이는 다 갖춘 듯한 곳이다. 벽면마다 색상과 무게에 따라 모두 다른 종이들이 차곡차곡 쌓여 있다. 순백색의 종이보다는 살짝 미색이 도는 따뜻한 느낌의 종이를 좋아해 '반누보'라는 이름의 종이를 골랐다. 표지는 250그램의 두꺼운 종이 그리고 내지는 그보다 가벼운 175그램의 종이로 주문해서 인쇄소로 갔다. 출력 방식과 제본 종류를 정하고는, 작업물을 약간 수정해서 최종 제본을 받았다.

런던으로 가기 전 두 회사에서 답장을 받았다. 한 통은 내 작업에 대한 칭찬이었고, 다른 하나는 인터뷰 제안이었다. 나는 런던으로 가는 일정을 알려주고는 그중 한 회사와 미리 인터뷰 약속을 잡았다. 그리고 보관용 샘플 하나와 나머지 다섯 권의 포트폴리오 제본을 들고 런던행 비행기에 올랐다.

4월 말의 런던은, 봄이 왔음직도 하지만 시시각각 해가 났다 비가 왔다 바람이 불었다 하는 변덕스러운 날씨로 나를 맞았다. 시차적응이 채 되기 전에 가장 먼저 찾아간 곳은 내 작업이 무척 좋다고 답해주었던 디자이너 존의 작업실이다. 벨을 누르기 전 다시 한번 숨을 가다듬었다. 대문 옆 우편함에 책자만 넣고 갈까도 잠시 생각했지만, 여기까지 온 김에 용기를 내기로 했다. 벨이

울리고 조금 뒤에 나온 그는, 대체 무슨 영문인지 모르겠다는 표정으로 서 있다가 이내 반가운 미소를 지었다. 난 포트폴리오만 건네주고 인터뷰 기회를 얻고자 잠시 들렀을 뿐이라고 말하고는 들고 온 책자를 건넸다.

존은 잠시 들어와 이야기 나누고 가라며 나를 사무실 안으로 안내했다. 차를 건네며 사무실의 업무 분장에 대해 설명해주었다. 본인과 에밀리는 서로 각자 1인 디자이너 오피스를 운영하고 있는데, 이번에 같이 스튜디오를 구하면서 그 둘을 도와줄 사람을 찾고 있다는 것이다. 에밀리가 운영하는 스튜디오 이름을 적어주며, 인터뷰 일정이 곧 잡힐 테니 연락을 주겠다고 했다. 나를 꼭 인터뷰할 거라는 이야기와 함께.

좋은 반응을 얻고 밖을 나서긴 했지만, 그렇게 이야길 나누고 나니 어찌 된 일인지 자신감이 더 떨어졌다. 존과 에밀리는 정원 디자이너로서 여러 차례 수상한 경력도 있고, 작업도 너무나 훌륭했다. 게다가 1인 오피스로 일하는 그 둘이 외국인인 나를 뽑을 리 없다고 생각했다. 한국에서 소형 아뜰리에 건축사무소에서 일해본 터라 소규모 오피스에서 한 명의 인력이 차지하는 비중이 얼마나 중요한지를 잘 알고 있었고, 이런 경우 대개 안전한 선택을 내리기 마련이다. 기적처럼 이곳에서 일할 수 있다면 좋겠지만 그 가능성은 희박하겠구나 싶었다. 그러고는 이제 남은 또 다른 인터뷰에 최선을 다해야겠다고 마음먹었다.

다른 한 곳의 회사는 영국 내에 지점이 여러 군데 있고 해외에도 지사가 있는, 조경설계회사 치고는 규모가 꽤 큰 곳이었다. 인터뷰 약속을 잡은 곳은 옥스퍼드 지점이어서 아침부터 고속버스를 탔다. 옥스퍼드 시내에 내려서는 다시 마을버스를 타고 구불구불한 길을 따라, 도무지 여기에 회사가 있을 거라고는 생각할 수 없는 곳에 내렸다. 숲길을 따라 걸어가니 아치 모양의 입구 위로 시계가 걸린 오래된 벽돌 건물이 나타났다. 내부로 들어가니 더욱 놀라웠는데, 바깥의 전원 풍경에서는 떠올리지 못했던 모던한 공간이었다. 회의실로 안내를 받고 조금 기다리니 디자인팀의 관리자와 그보다 높은 직급으로 보이는 사람이 들어와 인터뷰를 시작했다. 책자에 넣은 프로젝트들을 내가 먼저 설명했고 중간중간 그들의 질문에 답하는 방식이었다. 자연으로 둘러싸여 부드러워 보이는 회사 분위기와 다르게 인터뷰는 내내 차분하고 딱딱했다. 실시도면 경험을 중요하게 생각한다면서 이전 건축회사에서 그렸던 도면을 더 보내달라는 이야기를 끝으로 길지 않은 인터뷰가 끝났다.

건물 밖으로 나오니 다시 새가 지저귀는 소리로 가득 찬 숲이었다. 쨍하고 맑은 하늘에 나무는 가지마다 연한 연두색 잎을 내밀고 바람에 산들산들 흔들렸다. 나의 착잡한 마음과는 상관없이 이곳은 찬란한 봄이었다. 문득 대학 초년생 시절에 어느 교수님이 했던 말이 떠올랐다. '우리는 강물에 흘러가는 나뭇잎과 같은 존재라서 우리가 할 수 있는 건 최대한 그 안에서 애를 써서 나아가는 것뿐이다.' 운명론 같은 그 말씀이 왜 하필이면 내가 최선을 다해 팔딱거리고 나오자마자 생각났는지 모르겠다. 어느 것이 주어진 것이고, 어느 것이 노력으로 얻은 것인지는 두 길을 다 가보지 못해 알 수가 없었다.

긴장이 좀 풀린 다음, 일단은 허기진 배를 채우고 옥스퍼드 보태닉 가든Oxford Botanic Garden으로 향했다. 무려 4백여 년 전에 문을 연, 영국에서 가장 오래되었다는 정원이다. 화창한 날씨를 즐기며 정원을 향해 천천히 걷다 보니, 그제서야 도시 전반이 눈에 들어왔다. 옥스퍼드는 건물, 담장, 바닥까지 오래된 돌로 되어 있어 차분한 톤을 지녔다. 구불구불한 돌들이 주변의 소음을 흡수하는지 공기마저 조용했다. 눈에 거슬리는 게 없이 모든 게 조화로운 공간에서 느껴지는 안정감이 전해졌다. 곳곳에 피어오르는 색색의 들꽃과 꽃나무가 베이지색의 돌과 어우러져 따뜻한 필터가 한 겹 씌워진 듯 잔잔하게 도시의 경관을 그려내고 있었다. 정원에 도착해서 보니, 첼시 피직 가든의 봉사자로 일한 뒤에 받은 '정원/수목원의 친구Friend of the Botanic Garden and Arboretum' 카드로 무료 입장이 가능했다. 혹시라도 이 회사를 다니게 되어서 옥스퍼드에 살면 주말마다 이곳에 오면 되겠구나 하며, 벌써부터 이곳에 사는 모습을 기대 속에 품었다.

오래된 베이지색 담장벽에 나 있는 문으로 들어서니 정원이 펼쳐졌다. 평일이라 한산한 정원 안에서는 새들이 쉴 새 없이 지저귀고 있었다. 넓게 펼쳐진 정원 안쪽으로는 직사각형 화단의 각종 식물이 이제 막 봄을 맞아 한창 자라나는 중이었다. 화단 사이사이엔 정원의 역사와 함께했을 오래되고 큰 나무들이 중심을 잡아주었다. 담장 쪽엔 벽을 따라 화단이 기다랗게 이어졌다. 키가 낮은 초화류와 관목이 자연스럽게 어우러졌고 그 중간에 봄의 여왕인 튤립이 투명한 색을 빛내며 화단 곳곳을 밝히고 있었다. 선갈퀴 같은 작고 흰 꽃은 화단의 경계를 부드럽게 풀어줬다. 그때 반대편 담장 너머로 아이들의 소리가 들리는 것 같아, 정원의 다른 구역으로 넘어가보았다.

담장 밖의 정원은 강가까지 이어졌고 강물 너머로 드넓게 펼쳐진 잔디밭에서 학생들이 뛰어놀고 있었다. 담장으로 둘러싸인 안쪽의 정원과는 확연히 다른 분위기였다. 안쪽이 정적이고 묵직한 무게감으로 그 공간의 역사를 드러내주었다면, 바깥쪽은 물 흐르는 소리와 아이들 소리가 어우러져 생동감이 넘치고 밝았다. 한 정원에 이렇게 무게가 다른 공간이 공존하며 도시와 소통하고 있다는 점이 좋았다. 정원 이곳저곳을 거닐다 보니, 불과 몇 시간 전 면접을 보았다는 사실은 머릿속에서 사라졌다. 정원에서 한가로이 걷고 식물과 가까이 있다 보면, 존재하는 공간에서 최선을 다해 현재에 집중하게 된다. 그렇게 온몸의 감각을 깨우고 나면,

담장 쪽 화단에는 키가 낮은 초화류와 관목이 자연스럽게 어우러졌고 그 중간에 봄의 여왕인 튤립이 화단 곳곳을 밝히고 있었다. 선갈퀴 같은 작고 흰 꽃은 화단의 경계를 부드럽게 풀어줬다.

몸속의 찌꺼기가 숨 밖으로 나가고 맑고 새로운 공기로 다시 채워진다. 런던으로 돌아오는 버스에선 그곳에 갈 때와 달리 가벼운 마음으로 창밖 풍경을 즐길 수 있었다.

옥스퍼드에서 돌아온 바로 다음 날, 이전에 찾아갔던 존과 에밀리의 회사 인터뷰가 있었다. 인터뷰 장소는 디자인 회사가 많이 있는 런던의 올드스트릿Old Street 지역이었다. 인터뷰 전날 밤부터 긴장되어 마음을 졸이고 있으니, 같은 방을 쓰는 친구 민정이 행운의 부적을 선물해줬다. 흑돌고래, 다람쥐, 사슴벌레, 회색 앵무새, 닥스훈트, 그리고 고양이가 그려진 종이에는 '우리가 응원해요!'라고 적혀 있었다. 이렇게 귀엽고 마음 따뜻한 응원을 받고 나니 정말이지 이 종이가 부적이 되어 날 붙여줄 거라는 믿음이 생겼다. 면접 당일에는 사전에 미리 도착해서 포트폴리오를 한 번 더 살펴볼 요량으로 카페를 찾았다. 그곳이 바로 'Look mum, no hands!'라는 이름의 자전거카페다. '엄마! 나 봐! 두 손 놓고 타!'라는 말이 왠지 모르게 내게 힘을 주는 듯했다. 얼마 뒤 반쯤 남은 커피를 그대로 두고는 사무실로 향했다.

오래된 빌딩을 개조한 건물은 집이라 부르기 어색할 만큼 높은 천장과 넓은 거실을 두었다. 거실 가운데 놓인 커다란 탁자 한쪽으로 존과 에밀리가 나란히 앉았다. 존은 말끔하게 다려진 셔츠에 재킷을 입어 이전에 본 수더분한 모습과는 딴판이었다. 처

런던에서 구직 인터뷰를 하러 가기 전에 들른 카페가 하필, '엄마! 나 봐! 두 손 놓고 타!'라는 이름이라니. 그 이름이 왠지 모르게 내게 힘을 주는 듯했다.

음 보는 에밀리는 부드러운 실크블라우스가 가리지 못하는 카리스마와 날카로움이 느껴지는 인상이었다. 내 모든 걸 꿰뚫어볼 것 같은 에밀리의 눈빛에, 혹시 내가 입고 온 셔츠가 너무 구겨진 건 아닐까 하는 걱정마저 들었다.

옥스퍼드에서의 인터뷰와 같이 그동안의 내 작업을 열의를 갖고 설명하고는 이것저것 묻는 질문에 답했다. 어떤 드로잉 프로그램을 쓰는지, 뷰 이미지는 어떤 방식으로 작업하는지, 정원 박람회에서 쓴 식물은 어떤 종들이었는지 등등. 차가워 보여 걱정했던 것과 달리 잘 맞는 친구와 신나게 수다 떠는 느낌으로 이야기를 나누다 보니 어느덧 30분이 지났다. 대화를 마무리하며 그들이 10년 후 목표를 물었다. 순간 머릿속이 텅 비었다. 당장 한 달 뒤의 내 모습도 예측하기가 힘든 상황에서 10년 후라니. 아무리 생각해도 10년 후 모습이 떠오르지 않아서 솔직하게 말했다. 10년 후에 뭐가 되고 싶은지, 그리고 어떤 모습일지는 잘 모르겠다. 내 사무실을 열 수도 있고 여전히 회사에 다닐 수도 있고, 영국에 있을 수도 한국에 있을 수도, 아니면 다른 나라에 있을지도 모르겠다. 그렇지만 확실한 건 지금보다 더 잘하는 사람이 되고 싶다. 공간에 대해, 디자인에 대해, 식물에 대해, 그리고 도시와 사람들의 삶에 대해 더 잘 이해하고 싶다. 그 둘도 내 뜻을 알겠다는 듯 고개를 끄덕이고는 무엇이 '되는 것'보다 그러한 방향을 갖는 것이 중요하다고 말해주었다.

생각보다 기분 좋게 인터뷰를 마치고 나니, 나도 모르게 기대를 품었다. 그러나 다음 날 저녁에 받은 메일에는 바라던 바와는 달리 두 번째 인터뷰가 가능하냐는 내용이 담겨 있었다. 실망할 여유도 없이 바로 그렇게 하겠다고 답하고는 일정을 잡았다. 인터뷰 당일이 되어 또 다시 그 카페에 들렀다. 불과 며칠 만에 같은 장소를 오니 마음은 더 간절해졌다. 카페 안에선 나를 제외한 모든 이들이 여유로워 보였다. 이번에도 민정이 준 부적을 가져왔다. 제발.

두 번째 인터뷰는 거의 실습면접 같았다. 존과 에밀리 각자 진행하고 있는 프로젝트를 설명해주면서 내 의견을 묻고 세부 사항을 어떻게 그리면 좋을지 같이 얘기했다. 차가워 보였던 에밀리도 긴장을 풀고 나니 너무나 밝고 유쾌했다. 어떤 때에는 오히려 내가 이 둘을 인터뷰하는 것 같았다. 거의 나와 같이 일할 것을 기정사실화한 것 같은 분위기에 나 또한 신이 나서 얘기했다. 마지막으로 그들은 두 가지 아쉬운 점을 토로했다. 내가 영국에서 실무 경험이 없고, 영어 원어민이 아니라는 점이었다. 영국에서 업무 경력이 없는 것은 사실이지만 한국에서는 경험이 있고, 난 빨리 배우는 사람이라 분명 일을 금방 배울 수 있다고 답했다. 영어 관련해서는 아무리 같은 언어를 사용해도 대화가 잘되는지는 별개 아니냐고 되묻고는, 나는 잘 듣는 사람이라 오히려 소통이 잘될 수 있고, 그에 더해 앞으로 꾸준히 영어를 공부하겠다고 답했다. 더 좋아질 일만 남은 것이지 더 안 좋아질 일은 없다고.

예상대로 그날 밤 바로 오퍼 메일을 받았다. 혹여나 옥스퍼드로 가야 할까 아니면 또 다른 회사를 알아봐야 할까, 1초도 마음 놓지 못한 시간이 드디어 끝났다. 존은 아직도 다른 이들을 만나면 가끔, 내가 포트폴리오를 들고 찾아와 문을 두드리던 그때의 이야기를 들려준다. 돌이켜보면 우리가 흔히 들어온 그 말이 맞았다. '문은 두드리는 자에게 열린다.'

3 only if there
is comfort-
room for it,
otherwise 3'
might replace
the top of 2

Kniphofia Galpini

앞의 그림
Kniphofia galpinii: coloured drawing by Lilian Snelling for plate 8928
of *Curtis's Botanical Magazine* 1938.

마음을 나누는 협업:
나무 농원

존과 에밀리는 디자인 성향이나 일하는 방식이 극명히 달랐다. 설계 도면에 곡선이라고는 동그란 나무와 식물 기호밖에 없을 정도로 직선적인 디자인을 선호하는 존은, 일할 때 미리 계획하는 것을 좋아했다. 그에 반해 에밀리의 도면은 컴퓨터로 따라 그리기 난해할 정도로 자유분방한 선이 가득하다. 일정표에 제대로 적지도 않으면서 그 많은 프로젝트를 혼자 다루는 걸 보고 있자면 도면의 자유로운 선 위에서 여유롭게 줄타기하는 곡예사가 떠오른다. 그래서 에밀리와 일하는 날이면 마음을 좀 더 단단히 먹고 집을 나선다. 오늘 하루 동안 무슨 일이 생길지 예상할 수 없는 짜릿함과 초조함이 공존했다.

빽빽한 흰 구름 뒤로 옅은 푸른빛의 하늘이 얼핏 보이는 날이었다. 에밀리는 '식물 슈퍼마켓'에 가자고 했다. 유럽엔 식물별로 특화된 농원이 많은데 우리가 오늘 가려는 곳은 이것저것 조금씩 다루고 있어, 에밀리는 거길 가리킬 때면 동네 슈퍼마켓이라고 표현했다. 한국에서 정원 공사를 하면서 가장 신나는 시간이 농원에 가서 식물을 구경할 때였던 터라, 영국 농원에 처음 간다는 생각에 한껏 들떠서 사무실을 나섰다. 에밀리가 운전하는 차를 타고 빡빡한 런던 도로를 지나 고속도로에 올랐다. 하늘이 좀 맑아지나 싶더니 이내 먹구름이 가득해져 빗방울을 흩뿌렸다. 다행히 농원에 도착했을 땐 하늘이 낮디낮아졌을 뿐 비는 내리지 않았다.

자갈이 얇게 깔린 주차장엔 뿌리분이 예쁘게 포장된 나무들이 새로운 집으로 떠나길 기다리고 있었다. 미리 점원들과 이야기를 나눴는지, 에밀리가 차에서 내려 전화를 걸었다. 얼마 지나지 않아 주황색 안전조끼를 입은 제프가 노란색 안전조끼 두 벌을 더 들고 마중을 나왔다. 포대만큼 큰 조끼를 하나씩 덧입고는 농원으로 들어섰다. 동네 슈퍼마켓이라길래 한국의 농원보다 한참 작은 크기를 예상했던 나는 달그락거리는 자갈 소리를 들으며 농장에 더 깊이 들어갈수록 심박수가 올라가는 것을 느꼈다. 어릴 적 처음으로 간 코스트코에서 끝없이 이어지는 진열대 사이를 두리번거리며 걷던 때와 똑같은 마음이었다. 농원 초입부터 진열대 위에 수십 수백 가지의 초화류가 열을 맞춰 큰 물결을 이루고 있었다.

마음에 드는 식물이 보일 때마다 가지에 묶인 이름표 사진을 찍느라 혼자 바삐 이리저리 다니는 동안, 에밀리와 제프는 동글동글하게 손질이 된 공 모양의 상록 관목을 보러 갔다. 갈수록 무더워지는 런던의 여름 날씨 때문인지, 에밀리의 정원에 있는 회양목이 벌레 때문에 거의 다 죽어갔다. 결국 정원의 탁자 뒤로 시각적 등받이 역할을 해주던 그 아이들을 다른 식물로 교체하기로 했다. 농원 자갈길 끝쪽에는 플라스틱 화분에 심은 주목Taxus cuspidata, 회양목, 헤베Hebe 등의 식물이 있었는데, 에밀리는 모양이나 크기가 마음에 들지 않았는지 비닐하우스를 지나 노지에 심겨 있는 관목으로 향했다. 지나는 길목에 있던 유리하우스엔 낮은 키의 허브가 바닥에 깔려 있었다. 유리하우스가 얼마나 넓은지는 저 끝에 보이는 식물이 바로 앞줄 식물에 비해 얼마나 작게 보이는지로 겨우 가늠해볼 수 있을 뿐, 그 정도 규모와 너비를 지닌 공간은 이전에 경험해보지 못했다.

노지에 심긴 커다란 꽝꽝나무Ilex crenata 중 모양이 제일 예쁜 세 그루를 골라 붉은 리본을 달아 점찍어두고는 노팅힐 현장에 심을 나무 후보군을 보러 갔다. 빨갛게 익어가고 있는 산딸나무Cornus kousa 열매가 가을의 시작을 넌지시 알리고 있었다. 3미터 가까운 키에 다간형多幹形의 나무를 몇 그루 둘러보고는 산딸나무, 목련Magnolia kobus, 털모과Cydonia oblonga 등 몇 가지 후보들을 염두에 뒀다. 마지막으로 에밀리 정원의 초록 공들 사이사이에 심을 초화류를 보러 갔다. 잎 모양이 다른 수백 종의 식물을 보면서, 이렇게나 많은 식물을 언제 다 알 수 있을지 막막한 마음이 들었다. 농원을 돌아다니며 신이 났던 마음이 어느새 가라앉았다.

첫 농원 방문 이후 두 번째로 농원을 찾은 건 식물 구입 때문이 아니었다. 런던 교외의 한 농원에서 디자이너와 시공사를 초대해 짧은 투어와 함께 사교의 시간을 제공해주었다. 그라스와 초화류를 주로 다루는 농원이었는데, 담당자 말로는 디자이너들이 한정된 식재만 사용하다 보니 농원에서 새로운 식재를 개발하기가 어렵고 자연히 식물 종류가 줄어드는 문제가 있었다. 그래서 이렇게 사람들을 한자리에 불러 모아 그 농장에서 다루는 식물을 소개해주고, 각기 다른 식물이 어떤 특징이 있으며 어떤 공간에 사용하면 좋을지에 대한 팁을 일러주려 한다는 것이었다. 비가 추적추적 오는 날, 장화를 신고 유리하우스를 돌아다니며 설명을 듣고는 수수한 비닐하우스 앞 화덕에 모여 피자를 나눠 먹었다. 제일 잘나가는 농원도 아니었고 화려한 자리도 아니었지만, 이런 시간을 농원에서 갖는다는 자체가 특별했다.

사실 런던에서 정원 디자이너로 일하는 과정이 여느 회사에서 일하는 것과 크게 다를 건 없었다. 가끔 농원이나 정원 답사를 다닐 때, 시공 현장을 찾을 때를 제외하고는 사무실에서 컴퓨터로 도면을 그리는 것이 주 업무였다. 대부분의 고객이 디자인에 대해서는 너그러워도 돈 얘기가 나오기 시작하면서는 까다로워

노끈으로 묶인 나뭇가지를 풀어주자 마법처럼 우리가 찾던 완벽한 수형의 채진목이 나타났다. 마음에 드는 나무를 골라 리본을 묶어 예약하면 뿌리분을 만들어 현장으로 배송해준다.

진다. 그래서 설계 시에 예상한 금액보다 공사비 견적은 높게 나오기 마련이고, 우린 기존 예산에 맞춰서 디자인을 변경한다. 어떤 때는 설계한 면적을 반으로 잘라 정원의 반만 시공하고 나머지는 추후 돈이 더 생기면 시공하겠다는 경우도 있다. 그 밖에도 시공 과정에서는 필요한 자재가 늦게 도착하기 마련이고 공사는 지연된다. 결국 여기 런던도 다 사람이 일하는 곳이다. 그러면서도 뭔가 다르다고 느꼈던 건, 조금 더 나은 환경을 만들기 위해 여러 분야 사람들이 함께 나아간다는 점이다. 짧은 경험이긴 하지만, 한국에서는 협업이라는 느낌보다는 발주처가 각자의 역할만 하는 느낌으로 각각 맡은 일을 할 뿐, 다같이 한 프로젝트를 완성해나간다는 느낌은 받기 어려웠다. 그러나 이곳에서는 다양한 식재 활용과 새로운 디자인을 위해, 식물을 키우는 사람, 디자인하는 사람, 시공하는 사람이 모여 머리를 맞댄다. 이런 시간을 갖고 나면 눈에 띄는 변화는 아니더라도 개개인의 마음 속에 새로운 씨앗 하나가 던져진다.

런던 북쪽에 자리한, 어느 신혼부부의 작은 정원 설계를 모두 마치고 시공에 들어갈 때가 되었을 때도 농원 투어를 다녀왔다. 신혼집 거실의 두 배 정도 크기의 아담한 정원엔 자작나무 세 그루와 예쁜 꽃과 수형으로 정원의 주인공이 될 만한 나무 한 그루, 이렇게 총 네 그루의 나무를 계획했다. 정원이 작을수록 식재 하나하나가 더 중요한 역할을 하고 더 가까이 보이기 때문에 직접 농원에 가서 나무를 고르기로 한 것이다. 장화를 트렁크에 싣고 런던 북쪽으로 한 시간가량 달려 딥데일Deepdale 농원에 도착했다. 예전에 영국가든디자이너협회SGD 컨퍼런스에서 인사를 나눈 적 있는 마크가 우릴 기다리고 있었다.

　고급스러운 진한 구릿빛 조명이 천장에서부터 내려와 탁자 위를 비추고, 그 뒤로는 단정히 보존 처리된 이끼를 액자 형태로 걸어놓아 사무실에 고급스러운 느낌을 더했다. 마크가 지금 진행 중인 프로젝트에 대해 말을 꺼낼 즈음 프렌치프레스로 우려낸 커피와 나무로 된 트와이닝 티박스가 탁자 위에 놓였다. 각종 쿠키, 초콜릿과 함께 차를 마시고 있으려니 일류 호텔 카페에 온 것 같은 착각이 들 정도다. 나무를 사러 와서 이렇게까지 대접을 받을 거라고는 상상도 못 했다. 다과를 함께하며 딥데일 사의 프로젝트에 대해, 우리가 필요로 하는 나무에 대해 이야기를 나눴다. 4미터 정도의 곧은 자작나무와 정원의 꽃이 되어줄 다간형의 채진목속Amelanchier, 그리고 층층나무Cornus는 3미터 정도의 수관 폭에 뿌리분은 70센티미터를 넘지 않았으면 좋겠다고 알려줬다. 뿌리분 크기가 중요한 이유는 집 뒤쪽으로 위치한 정원 공사를 할 때, 나무가 문을 통과해야 하기 때문이다.

　장화로 갈아 신고 마크가 운전하는 지프차를 타고는 울퉁불퉁한 흙길을 5분가량 달렸다. 차에서 내려 다간형의 자작나무, 크리스마스 트리로 인기 있는 구상나무Abies koreana 사이를 지나자 하늘로 곧게 뻗은 수백 그루의 자작나무가 숲을 이룬 듯 일정한 간격으로 줄지어 있었다. 겨울이라 잎이 다 떨어져 그 가지의 형태가 더 또렷이 보였다. 그중 잭큐몬티 히말라야 자작나무는 자랄수록 계속 껍질이 벗겨지면서 유독 수피가 희다. 잭큐몬티 중에서 우리가 원하는 모양과 크기를 따져보고, 그중에서도 비슷하게 생긴 세 그루를 찾기 위해 한 줄 한 줄 꼼꼼히 살폈다. 그렇게 한참을 둘러보고 나서야 마음에 드는 나무 세 그루를 골라 리본을 묶어줬다.

자작나무는 일정한 규격으로 나무를 키우고 비슷한 크기끼리 모아놓은 덕분에 수월하게 고를 수 있었는데, 한 그루의 포인트 나무를 찾는 건 이 넓은 농원에서 '월리를 찾는' 과정이었다. 노지 나무밭에서 다시 차를 타고 에어포트air pot라고 불리는 큰 화분에 자라는 나무밭으로 이동했다. 에어포트는 구멍이 뚫린 플라스틱 매트를 말아 동그랗게 만든 화분에 나무를 키우는 방법인데, 나무 뿌리가 스스로 뿌리분을 만들고 배수 걱정을 하지 않아도 돼서 근래 들어 많이 쓰인다. 드넓은 농원을 천천히 차로 다니면서 괜찮아 보이는 나무가 보일 때마다 차에서 내려 살펴보기를 반복하다 보니 영국 겨울의 해가 어느새 서편 하늘을 빨갛게 물들이고 있었다.

결국 농원을 다 헤집고 다녀도 마음에 드는 나무를 찾지 못해 망연자실했을 무렵, 마크가 문득 떠올랐다며 이번 주에 유럽 다른 나라에서 배송 온 나무 중 아직 제대로 전시하지 못한 나무들이 있다고 말했다. 노끈으로 묶인 나뭇가지를 풀어주자 마법처럼 우리가 찾던 완벽한 수형의 채진목이 짠 하고 나타났다. 리본으로 묶어 예약해놓고는 임무를 수행했다는 안도감과 완벽한 나무를 찾은 신바람을 안고 농원 사무실로 돌아왔다.

마크는 우릴 다시 넓은 회의실로 안내했다. 저녁이라 트와이닝 차 상자에서 녹차를 골라 몸을 녹이면서 다시 소소한 대화를 나눴다. 차만큼이나 같이 나누는 대화가 마음을 따뜻하게 덥혀줬다. 식물을 사고 파는 관계가 아니라, 좋은 프로젝트를 위해 마음을 다해 서로를 돕는 관계에 작지 않은 감동을 받았다. 나는 사람의 손끝에서 나오는 모든 것을 통해 사람의 마음이 전해진다고 믿는다. 이렇게 다 같이 마음을 모아 함께 일하면, 그 결과는 눈에 보이는 것보다 더 큰 힘을 갖는다. 영국 정원 문화가 세계적으로 인정받는 것은 어쩌면 이처럼 사람의 관계로 만들어지기 때문 아닐까. 사무실을 나오니 어둑해진 공기엔 흙내음이 더 깊이 올라오는 듯했고 간혹 들리는 새소리가 하늘을 잔잔히 울리고 있었다.

클로이의 정원:
정원 설계의 재료

건축과 인테리어 디자인의 경계가 점점 흐려지고 있다고는 하지만, 내가 생각하기에 건축이 시간이 지나도 대체로 큰 변화가 없는 구조체인 반면 인테리어는 그 안에서 자유분방하게 변신이 가능하며 좀 더 부드럽고 유동적으로 공간을 구성한다는 큰 차이가 있다. 그리고 건축이 밖에서부터 안쪽으로 공간을 구성한다면, 인테리어는 보다 개인적인 차원에서의 경험을 시작점으로 삼는다. 그런 점에서 정원을 새로 디자인하고 꾸미는 작업은 인테리어 디자인과 닮았다. 정해진 테두리 안에서 무궁무진한 변화가 가능하고 가장 사적인 공간에서 개인의 삶에 직접적이고 밀접한 영향을 미친다.

런던 주택의 정원은 대부분 집의 뒷부분에 자리해 있다. 길에서 보이는 앞마당은 핼러윈이나 크리스마스 같은 명절을 맞아 각종 장식으로 꾸밀 때를 제외하고는 단정한 모습이다. 아무래도 길에서 훤히 보이는 공간에서 맘 편히 있긴 쉽지 않으니 말이다. 그에 반해 뒷정원은 담장에 둘러싸여 외부에서의 시선을 피할 수 있고, 집 안의 거실에서 바로 나갈 수 있는 아늑한 쉼터 같은 공간이다. 어떤 집들은 거실과 정원 중간에 유리로 둘러싸인 공간이 있다. 이러한 오랑제리orangerie는 정원에 있는 듯한 느낌을 주면서 따뜻한 실내 온기를 누릴 수 있도록 해주는 역할도 한다.

인테리어 디자인에서 전체 공간의 콘셉트에 맞추어 벽과 바닥, 천장의 재료와 재질을 신중히 고르듯, 정원을 디자인할 때에도 공간 구성안이 대략 정해지면 그에 맞춰 재료를 고른다. 재료를 선정할 때에는 우선 그 공간의 목적이 무엇인지 그리고 공간이 어떤 느낌이면 좋을지를 먼저 생각해야 한다. 같은 석재를 사용한다 하더라도 석재의 마감 방식과 돌 고유의 재질감, 색감에 따라 공간의 색이 천차만별로 달라진다. 예를 들어, 바닥에 깔린 모습만 봐서는 얇게 켜진 돌이나 두껍고 무거운 돌이나 별 차이가 없지만, 돌 틈으로 보이는 깊이라든지 각각이 품고 있는 온도는 다르게 느껴진다. 또 하나, 그 재료를 어떻게 시공하는지에 따라 발을 디딜 때 발바닥에서 올라오는 진동이 달라진다. 예를 들어 석재를 바닥에 붙일 때 모르타르를 이용해 땅과 직접 접촉하게 시공할 수 있고, 혹은 페데스탈을 사용해 바닥에서 적게는 2밀리미터에서 최대 30센티미터 이상까지 띄워 돌을 놓을 수도 있다. 첫 번째 방법으로 시공한 공간에서 걸음을 걸으면 지면의 단단함이 느껴질 것이고, 두 번째 방법으로 시공한 공간은 걸을 때마다 통통 튀는 반동이 느껴질 것이다.

석재, 타일, 목재 외에 정원에서 종종 사용하는 바닥재로 벽돌을 빼놓을 수 없다. 다소 거친 질감 때문에 실내에 사용하기는 무리가 있지만 정원에서는 벽돌의 미끄럽지 않은 표면이 오히려 더 안정감을 준다. 다른 재료처럼 색과 질감이 다양하면서도 흙을 구워 만들었다는 그 따스함 때문에 언젠가부터 가장 좋아하게 된 재료 중 하나다.

런던 북쪽 조용한 동네에 아담한 주택을 샀다며 찾아온 에밀리의 동생 클로이는 누구보다 전적으로 나를 믿고 따라준 고객이다. 넓지 않은 공간에 깊이감을 주기 위해 벽돌과 자갈, 두 가지 바닥 재료를 사용하고 정원 뒷쪽으로는 단차를 높여 다양한 공간감을 갖도록 디자인했다. 규모가 크지 않았기 때문에 모든 재료가 더 가까이 보였고, 그렇기 때문에 재료의 디테일 또한 중요했다. 자갈은 자유로운 공간에 놓고 벽돌은 오래 머무는 공간에 배치하려 했기에, 질이 좋은 옷감처럼 편안한 느낌의 벽돌을 사용하고 싶었다. 마침 그해 영국가든디자이너협회 컨퍼런스에서 본 벨기에 반데무어텔Vande Moortel 사의 올리브색 벽돌이 떠올랐다. 수제 벽돌 하나하나에 손길이 담겨 있고, 벨기에의 고운 흙으로 만들어져 질감이 부드럽다. 녹빛을 미묘하게 띠어, 자칫 차가워 보일 수 있는 옅은 회색의 벽돌을 따스하게 감싸주는 듯했는데, 이는 내가 생각한 클로이의 정원과 완벽하게 어울리는 색감이었다. 다만 벨기에 수제라는 말에서 떠올릴 수 있듯 우리의 예산에서 다소 비싼 재료임은 분명했다. 공사의 규모가 크지 않아 다른 방법으로 공사비를 줄이기도 어려운 상황이었다. 그러자 클로이는 인테리어 공사에서 두 개였던 오븐을 하나로 줄이고 창문의 소재를 바꿔가며 정원 공사에 돈을 보탰다. 온 가족이 많은 시간을 보낼 정원에 투자하는 게 더 가치 있을 거라고 말해주는 것을 들으니, 이 작은 공간에 행복이 가득하도록 만들고 싶은 열의가 더 강해졌다.

벽돌이 배송되면서 드디어 정원 공사가 시작되었다. 크지 않은 예산이라 시공사에 공사를 맡기지 못하고 직접 발주로 일을 진행했다. 그러다 보니 공사를 감독하는 일도 디자이너의 몫이 되었다. 다행히도 공사를 맡은 분이 독단적으로 진행하지 않고 한 단계 한 단계 진행될 때마다 우리에게 점검할 시간을 주었다. 하루는 정원 뒷쪽에 낮은 벽돌벽이 완성되어 이제 바닥을 깔 준비가 되었다는 연락을 받고 현장을 찾았다. 정원에 들어서니 벽돌벽의 줄눈이 곧장 눈에 들어왔다. 흔히 영국의 붉은 벽돌에 사용하는 베이지색으로, 이건 내가 시방서에 지정한 줄눈의 색이 아니었다. 우리가 고른 고급스러운 벽돌이 진흙탕에 굴렀다 나온 꼴이 된 것이다. 시방서에 분명히 적시하긴 했지만, 도면에 다시 한번 표기하지 않은 나의 불찰이었다. 현장에선 마침 비가 와서

도면에 아무리 정확히 그려넣어도 현장에서는 5밀리미터가량의 오차만으로도 미묘한 변화가 발
생한다. 정원은 가까이 생활하는 공간이기에 작은 디테일도 쉽게 넘어갈 수 없다.

줄눈이 젖은 상태라 색이 더 노랗게 보인다고 했지만, 도저히 그 대로 두긴 어려웠다.

줄눈의 색상을 다시 지정해 그 위에 덧바르기로 하고, 바닥에 어떤 패턴으로 벽돌을 놓을지도 목업mock-up으로 깔아놨다. 시공자가 배치한 모양새도 분명 틀리지 않았지만, 벽돌과 벽돌 사이의 간격을 조금 더 넓혀 벽돌 네개가 정확히 가로 길이와 맞게끔 해서 패턴 중앙에 비뚤어진 선이 없도록 수정했다. 도면에 아무리 정확히 그려넣어도 현장에서는 이처럼 5밀리미터가량의 오차만으로도 미묘한 변화가 발생하기 마련이다. 어떤 이들에겐 그저 눈에 들어오지 않는 차이일지 모르겠지만, 주방이나 화장실만큼이나 가까이 생활할 공간이기에 작은 디테일도 쉽게 넘어갈 수 없다.

실내에선 공간의 크기와 경계를 구성하는 벽이 그 공간의 분위기를 크게 좌우하지만, 도시 정원에서는 벽을 사라지게 함으로써 즉 눈에 띄지 않게 함으로써 그 경계를 흐리게 하기도 한다. 벽을 어두운 색으로 칠하고 그 앞에 식물을 심으면 식물의 그림자 사이로 벽은 감춰진다. 이런 경우 정원 안의 식물을 디자인할 때에는, 앞쪽엔 잎이 비교적 큰 식물을, 벽쪽엔 잎이 자잘한 식물을 배치함으로써 원근감을 극대화하여 공간을 더 깊어 보이게 만든다. 이와는 달리 벽천壁泉분수나 타일로 화려한 패턴을 만들어 벽을 정원의 주요 포인트로 만드는 경우도 있고, 높은 벽으로 둘러싸인 공간에 큰 거울을 설치해서 그곳이 더 넓어 보이도록 착시 효과를 주는 기법도 있다. 그린월green wall 기술이 발달하면서 식물이 벽에 그려진 작품처럼 배치되기도 한다. 경계의 벽에서, 감상할 수 있는 작품의 벽이 된 것이다.

정원의 뼈대를 이루는 바닥과 벽이 정해졌다면 식재와 함께 공간에 특색을 살려줄 '가구'를 정하는 일이 남는다. 흔히 화분은 실내에서 식물을 키우기 위한 용도로 생각하지만, 다양한 모양과 재질의 화분은 외부 정원에서도 제 역할을 톡톡히 해낸다. 오브제로서의 역할은 물론이고, 토심이 충분하지 않은 공간에 원하는 수목을 배치할 수 있게 해준다. 식물에 화분만큼의 높이를 추가해줘 공간의 필요에 따라 시야를 개방해주기도 혹은 가려주기도 한다. 예를 들어 지하고枝下高, 지면에서 첫 가지까지의 높이가 1.2미터 정도인 나무를 심는다고 가정할 때, 그 나무를 땅에 바로 심는다면 나무의 머리인 수관이 시야를 가려버릴 것이다. 그때 높이가 1미터가량의 화분에 그 나무를 옮기면 나무의 수관이 따라 올라감으로써 시야가 넓게 트인다. 이 같은 방식으로 높이가 다양한 식물들을 화분의 모양과 높이에 따라 배치해 다채로운 모습을 연출할 수 있다.

화분을 고를 땐 우선 그것이 외부의 기후에 견딜 수 있는지를 살펴봐야 한다. 실내용으로 나온 화분은 겨울이 되어 기온이 떨어졌다가 오르기를 반복할 때 깨져버리기 쉽다. 그래서 화분을 고를 때면 꼭 월동이 가능한지 확인해야 하는데, 전문적인 브랜드의 경우 내한온도 범위를 명시하기도 한다. 런던의 겨울은 거뜬히 나는 화분도 서울의 겨울을 날 수 있을지는 모를 일이니 이런 부분도 미리 점검하는 게 더 큰 실수를 줄일 수 있다.

온화한 겨울의 런던이라지만 외부에 놓을 수 있으면서 크기가 큰 화분은 찾기가 쉽지 않았다. 그래서 화분을 많이 사용하는 테라스나 옥상 정원을 디자인할 땐 나무의 종류보다도 화분을 먼저 고르는 경우가 잦았다. 가장 자주 사용한 화분 브랜드는 벨기에의 아틀리에 비어칸트Atelier Vierkant와 도마니Domani인데, 다양한 분위기, 모양, 크기와 함께 내구성이 보장되어 개인 정원뿐 아니라 야외에서도 충분히 쓸 수 있다.

가용할 만한 화분이 충분하지 않다 보니 어느 날 직접 흙을 빚어 대형 화분을 만드는 도예가를 찾아간 적도 있다. 에밀리와 함께 런던에서 남쪽으로 한 시간가량 운전해서 도착한 곳에는 작은 뜰 주변으로 오래된 집과 작업실이 마주하고 있었다. 나이가 지긋한 부부 도예가가 운영하는 곳이었다. 그들은 반죽을 만들 때에 세 가지 진흙을 섞어 쓴다고 했다. 그들의 도기는 진한 베이지색을 띠었다.

웹사이트에서 자세히 제품을 보고 '주문'을 클릭하는 근래의 추세를 따르는 곳은 아니었다. 빗줄기 사이로 흙내음이 올라오듯

세 가지 진흙을 섞어 쓰는 그들의 도기는 진한 베이지색을 띠었다. 다른 무엇보다 도기 하나하나마다 각기 다른 모습으로 도예가의 손길이 묻어 있는 게 좋았다.

차분히 운영되고 있는 이곳에서는, 다른 무엇보다 도기 하나하나마다 각기 다른 모습으로 도예가의 손길이 묻어 있는 게 좋았다. 각각의 화분마다 어울리는 식물이 있는데, 그들의 화분엔 똑떨어지는 깍쟁이 같은 식물보단 자연스럽게 흐드러지는 식물이 어울렸다.

건축이 빛을 조각해 공간을 연출한다면, 조명 디자인은 그 안에서 세세한 디테일로 다시 빛을 연출한다. 낮의 정원에서는 햇살 아래 각각의 디자인된 요소들이 돋보인다. 그러다가 하늘이 어둑해지고 해가 넘어가면 조명의 힘이 도드라진다. 이미 길어진 해마저도 붙잡고 싶은 환상적인 여름밤에도, 낮에도 해가 완전히 뜨지 않은 듯 어둑한 겨울에도 조명은 정원의 가치를 극대화한다. 정원 조명 디자인의 기준 중 가장 첫 번째는 '최대한 적게'다. 빛이 과도하면 눈이 불편해지고, 그로 인해 공간이 붕 뜬 느낌으로 이질감을 보이면 차라리 없느니만 못한 장치가 된다. 클로이의 정원에서는 빛의 온도를 잔잔하게 따스한 느낌을 주는 4천 캘빈에 맞췄고, 빛의 세기와 각도는 식물과 공간에 따라 다양하게 적용했다. 기둥이 곧은 나무에는 좁은 각도의 스포트라이트를, 관목이나 초화류엔 브러시 효과를 주는 조명을 써서 식재의 생김새에 따라 분위기를 다양하게 구성했다.

클로이의 정원을 만들어가면서, 공간을 디자인할 때에는 그 공간을 쓰는 사람을 이해하는 게 우선이라는 걸 배웠다. 그는 정원을 마치 자신이 아끼는 옷인 양 내 몸을 둘러싼 또 하나의 레이어로 받아들였다. 그리하여 그의 정원을 만드는 일은 몸의 감각들이 경험하는 공간을 빚어감과 동시에 그 공간이 또다시 사람의 삶을 빚어가는 과정이었다. 이처럼 정원가들은 고객의 생활방식을 이해하고 그들의 삶이 조금 더 아름다워질 수 있도록 한 땀 한 땀 수를 놓는 마음으로 디자인하고 공사 과정을 살핀다. 고아한 공간에서 느리게 흘러가는 그들의 시간이 그들 마음의 온도를 따뜻하게 감쌀 수 있길 바라면서.

디자이너의 역할:
설계와 현장 1

설계가 저 멀찍이서 바다를 바라보는 것이라면, 시공은 직접 바닷물로 들어가 헤엄치는 것과 같다. 저 멀리서는 머릿속으로만 그려보았던 바닷물의 짠맛이라든지 발밑에 느껴지는 해초의 미끈함, 물 표면 가까이 몸이 뜨는 부력감은 바다에 직접 발을 담가야만 느낄 수 있다. 그래서 모든 설계자는 멀리서 바다를 상상하며 그림을 그리다가, 시공이 시작되면 기회가 될 때마다 바다로 뛰어든다. 현장을 방문할 때면, 도면대로 시공되고 있을까 하는 걱정과 동시에 도면이 실현되는 걸 직접 눈으로 볼 수 있다는 기대가 함께한다.

현장은 언제나 가슴이 두근거린다. 길가의 나무만 봐도 저렇게 키 큰 나무가 쓰러지지 않고 우뚝 서 있는 게 신기한데, 현장에서 사람이 쌓아올리는 구조물이 그 집과 어울리는 조경으로서 바뀌어가는 과정은 경이롭기까지 하다. 컴퓨터와 도면에서만 보던 공간에 실제로 서 있으면, 그 공간이 상상했던 것보다 크게 느껴질 때도, 좁게 느껴질 때도 있다. '이 시간쯤 여기에 있으면 빛이 이렇게 떨어지는구나' 하는 현장감을 여실히 경험한다.

런던에서 처음 취업을 하고 본격적으로 일을 시작하기 전에 존을 따라 여러 현장을 방문했다. 우선 내가 맡게 될 새로운 프로젝트의 현장을 함께 찾았다. 런던은 중심가보다 서쪽이나 북쪽으로 부유한 집들이 모여 있는데 그중 햄스테드 히스 공원 근처 부촌에 현장이 있었다. 기본 설계는 마무리된 상태인데 아직 허가가 나지 않아 황무지처럼 온갖 잡풀이 자라나 있었다. 빠르게 움직이는 구름을 따라 해가 나왔다 들어갔다를 반복하고 바람에 흔들리는 풀잎 소리에 으스스한 분위기마저 감돌았다. 입구 부근 찻길의 설계를 수정해야 해서 기존 식재와 지형을 확인하고 돌아왔다. 나중에 사무실로 돌아가 도면을 확인해보니 그 스산했던 곳에 신축할 집은 내부 수영장에 사우나까지 딸린 그야말로 슈퍼 럭셔리 주택이었다.

영화 〈노팅힐〉을 보면 으리으리한 흰색 대저택을 배경으로 촬영하는 줄리아 로버츠를 휴 그랜트가 찾아가는 장면이 있다. 공원을 가로질러 다른 현장으로 가는 길에 그 대저택이 눈앞에 나타났다. 영화 장면이 머릿속에 떠오르면서 내가 정말 런던에 있다는 게 실감 났다. 마침 점심시간이 다가와서 공원 안 카페에서 샌드위치로 요기를 하기로 했다. 영국에선 샌드위치를 먹을 때면 꼭 감자칩이 포함된 세트 메뉴를 권한다. 그 둘을 같이 먹는 게 익숙지 않았던 터라 평소엔 감자칩은 놔뒀다가 나중에 먹곤 했는데, 존이 감자칩을 뜯더니 샌드위치 안에 감자칩을 끼워 넣는 거였다. 나도 속는 셈 치고 두어 조각을 넣어 한 입 베어 무니, 고소한 계란과 빵 사이에 짭짤하고 바삭하게 씹히는 감자칩이 제법 풍미를 냈다.

영화 같던 식사를 끝내고 다시 공원을 걸어 또 다른 현장으로 향했다. 공원 한편에 있는 깊은 연못에선 꽤 많은 사람이 수영을 하고 있었다. 몇몇은 자전거를 타고 오더니 겉옷을 홀렁 벗고는 안에 받쳐 입은 수영복 상태로 풍덩 들어갔다. 이런 연못을 '자연 수영장natural pool'이라고 부르는데, 물을 정화해주는 식물을 심어두어 따로 화학적으로 정화할 필요가 없다. 영국인들 중에는 자연과 하나되는 일체감을 누리기 위해 이런 수영장을 선호하는 이들이 많다고 한다. 나중에 케임브리지 부근의 현장에서 실제로 이런 자연 수영장을 설계할 기회가 있었다. 이날 햄스테드 히스 연못에서 헤엄치는 사람들을 보지 못했다면 고객으로부터 자연 수영장 이야길 듣고 어리둥절했을지도 모르겠다.

'공원의 이쪽부터는 사유지 도로'라는 표지판을 지나니 조용한 교외에 온 것 같이 도시와는 동떨어진 세계로 접어든 듯했다. 모든 집의 담장은 높았고, 그 담장들 너머로는 하나같이 수영장이나 분수의 물소리가 났다. 이렇게 으리으리한 집의 정원은 어떻게 생겼을까 궁금해서 까치발을 들어보았지만 턱도 없었다. 현장에 도착해서는 관리인을 만나 집 안으로 들어갔다. 내일 당장 철거해도 이상하지 않을 만큼 방치된 건물 뒤쪽으로는 온갖 수풀로 한 걸음도 내딛기 어려운 정원이 있었다. 전정가위로 가시 돋친 가지와 풀을 잘라내며 겨우 정원 끝까지 돌아보고는 건물 2층으로 올라가 정원을 내려다봤다. 햄스테드 히스 공원과 바로 접해 있어서 뒷정원의 푸르름이 끝도 없이 펼쳐졌다.

현장을 방문하고 얼마 지나지 않아 바로 기본 설계를 시작했다. 설계의 주요 사안은 새로 지을 건물의 아랍풍 디자인을 고려할 것, 기존 건물을 철거하고 신축 공사 터파기를 통해 나온 흙의 대부분을 다시 정원 공사에 사용할 것, 그리고 정원의 경계를 희미하게 하여 햄스테드 히스 공원으로 확장되는 느낌을 살릴 것 등이었다. 우리는 테라스식 단을 이용해 정원에 다양한 층위를 구성하면서, 건축가 존 포슨John Pawson이 왕립식물원 큐 가든 Kew Garden에 디자인한 섀클러 크로싱Sackler Crossing처럼, 경계는 두지만 시각적으로 확장될 수 있는 울타리를 구현해보기로 했다. 이처럼 설계 시작 전에 현장을 방문하면, 작업의 전형적인 방향은 현장이 그려준다. 우리는 그렇게 현장이 일러주는 메시지를 도면으로 옮기면 된다.

일을 시작했던 그해 여름은 유독 시공 중인 현장이 많았다.

하루는 사무실에 도착한 조명 샘플을 전달해주러 걸어서 15분 거리의 올드스트릿에 있는 현장에 갔다. 입구에서 안전모를 받아 쓰고는 꼭대기층으로 올랐다. 기존의 오래된 낮은 벽돌벽으로 둘러진 옥상 정원을 개조하는 일이었다. 바닥을 포장하고 플랜터planter, 일종의 대형 화분를 설치하는 단계인데, 현장 직원들은 동그란 플라스틱 받침대 위에 장난감 기차에나 맞을 법한 금속 레일을 열심히 깔고 있었다. 플랜터가 설치되는 구간엔 그 레일 위에 다른 금속판 모듈을 끼워 맞췄다. 이전에 한국의 옥상 현장에서는 무근 콘크리트와 시멘트 모르타르로 바닥을 마감했던 터라, 이들이 뭘 하고 있는 건지 의아했다. 게다가 레일 아래의 받침대는 플라스틱 재질로 보였는데, 저 위에 레일을 올리고 사람들이 지나다니면 그 하중을 지탱할 수 있을까 걱정스러운 마음도 들었다.

이 현장은 내가 기본 설계에 참여한 곳은 아니었다. 다만 이 현장을 시공하는 중에 바닥과 구조물 제품을 담당하는 협력사와 실시도면을 주고받으며 수정해왔던 터라, 공정 전반을 엑스레이 보듯 그 세세한 디테일까지 지켜볼 수 있었다. 킨리Kinley라는 이 회사는 플랜터와 바닥 포장을 통합한 제품을 개발해서, 우리가 디자인하면 그 디자인에 맞게 시공 도면 제작부터 제품 제작까지를 도맡는다. 이에 더해 현장에 직접 나와 실측까지 맡아주기 때문에 이 제품을 사용하는 것만으로 우리 디자이너가 할 일의 양

건축가 존 포슨이 왕립식물원 큐 가든에 디자인한 섀클러 크로싱 다리. 경계는 두지만 시각적으로 확장될 수 있는 울타리로 만들어져 있다.

은 거의 반으로 줄어드는 데다, 세부 사항에 신경을 많이 쓴 제품들이라 시공 결과도 매번 말끔했다. 그래서인지 옥상 정원뿐 아니라 건식 시공이 가능한 곳이면 우린 매번 이 회사와 협력했다.

건식 시공은 영국에 와서 처음 접했다. 한국에서 흔히 사용하는, 모래와 물을 섞은 시멘트 모르타르를 접착제로 쓰는 방식이 아니라 말 그대로 건조한 방법으로 공사하는 방법이다. 영국에는 오래된 건물이 많고 그 구조물을 유지한 채 디자인하는 경우가 많아 이 시공법이 주로 쓰인다. 접착제로 붙이는 게 아니므로 문제가 생기면 언제든 파손 없이 들어내서 보수할 수 있다. 앞에서 내가 걱정했던 시공 제품은 사실 고강도 엔지니어링용 플라스틱에, 하중을 고르게 분산시키도록 설계된 것이라 안전하다. 또 하나의 장점은 인건비가 비싼 영국에서 공사 시간을 확연히 줄일 수 있다는 점이다. 영국은 작업 방식이나 문화가 달라서인지 같은 작업량이라도 한국에서보다 체감상 두 배 이상 더 걸렸다. 하지만 건식 시공은 공기가 짧은 방식이어서, 이곳 현장만 하더라도 레일을 깔고 클립으로 합성목재 데크를 설치하는 데 일주일이채 걸리지 않았다. 만약 규격화된 제품이 아니라 각목재나 각파이프로 하나하나 짜맞춰 공사했더라면 2~3주는 족히 걸렸을 것이다.

올드스트릿 현장에서는 킨리의 데크와 플랜터 외에도 주목할 것이 하나 더 있었다. 바로 태피스트리 버티컬 가든Tapestry

Vertical Gardens 사의 그린월을 시공해, 런던이라는 도시 한가운데에서 대자연 속에 있는 듯한 느낌을 주었다는 점이다. 이미 2000년대 초반부터 유행하기 시작한 그린월은 말 그대로 식물로 덮은 벽이다. 식재할 땅이 부족한 도시 공간에 수직으로 정원을 조성한다는 생각이 기발하다. 다만 토양, 빛, 관수灌水 등을 이유로 항상 거대한 벽을 채운 빽빽한 식물의 단조로운 디자인을 볼 때면 시각적으로 즐겁다기보다 갑갑한 마음이 먼저 들었다. 그러나 이곳 현장의 그린월은 달랐다. 그들의 디자인은 식물벽을 만든다기보다 식물이라는 재료를 이용해 예술작품을 창조해냈다고 볼 수 있었다.

자잘한 뮬렌베키아Muehlenbeckia부터 기다란 풍지초Hakonechloa macra, 넓적한 손바닥 같은 잎 모양의 팔손이Fatsia Japonica까지 다양한 크기와 형태의 잎으로 입체감과 질감을 자아낸다. 그 풍성한 깊이에, 가만히 그 벽을 보고 있으면 끝도 없는 숲속에 온 것만 같다. 거기다가 클레마티스Clematis, 원평소국Erigeron karvinskianus, 제라늄으로 경쾌하고 발랄한 색감까지 더해준다. 보기에 좋은 것뿐 아니라 관수와 배수 기술까지 갖춰 관리 측면에서도 손색 없었다.

으레 건축가나 개발자를 지휘자에 비유한다. 각 분야의 전문가가 한데 모여 하나의 프로젝트를 진행해가는 현장에 있으면 이곳이야말로 오케스트라의 협연이라는 것을 실감한다. 그 영역의

올드스트릿 현장의 옥상정원에 시공된 태피스트리 버티컬 가든의 그린월. 뮬렌베키아, 풍지초, 팔손이까지 다양한 크기와 형태의 잎으로 입체감과 질감을 자아내고, 클레마티스, 원평소국, 제 라늄으로 경쾌하고 발랄한 색감까지 더해준다. (사진 출처: John Davies Landscape)

규모가 어떻게 되든지, 각자의 분야에서 끊임없이 새로운 기술을 개발하고 자기 역량을 끌어올리는 사람들이 적지 않다. 이런 사람들과 함께 일할 수 있어서 행운이라 생각했다. 전문가를 만드는 건 단순히 본인의 능력만이 아니다. 그 전문성을 인정해주고 믿어주며 그 능력에 합당한 대우를 해주는 팀이 필요하다. 각각의 전문가가 각자의 분야에서 최고의 결과물을 만들어낸다면 그 프로젝트는 그 자체로 좋은 에너지를 내뿜는다. 그렇게 심어진 에너지는 또 다른 공간으로 뻗어 나갈 것이다.

감리자의 역할:
설계와 현장 2

설계 전 대상지를 방문하는 때부터 디자이너의 현장 작업은 시작된다고 말할 수 있다. 그리고 현장 작업이 한창 때인 설계 후에는 감리자로서 현장을 찾게 된다. 미리 사이트를 충분히 살핀 후 디자인하고 식재 도면엔 어떤 크기의 식물을 어디에 몇 주 심는지까지 세세히 표기했기에 굳이 현장을 찾지 않아도 될 듯하지만, 시공은 우리가 상상하며 그린 대로 마무리되지 않는다. 현장에서는 어떤 일 하나도 평화롭게 지나가지 않는 법이다.

디자인할 땐 분명 재고가 있던 식물이 공사 직전 주문할 때면 원하는 크기가 없거나 아예 품절되는 경우가 수두룩하다. 그럴 때면 농원에선 그 식물을 대체할 만한 식물을 추천해준다. 대개는 같은 식물의 개량종이나 비슷한 모양새의 다른 식물이다. 작은 크기의 모종이 없는 경우 큰 모종으로 대체하기도 하는데, 대체로 큰 모종은 값이 더 나가기 때문에 이럴 땐 예산에서 어느 정도 상회하는지도 점검해야 한다. 그렇게 달라진 식재 목록을 다시 받아들고는 농원의 추천대로 새 식물을 들이기도 하고, 아니면 아예 기존의 목록을 제외하고 전혀 다른 종류의 식물을 추가하기도 한다.

이처럼 어쩔 수 없는 경우 외에도 식재 디자인을 변경해야 할 이유는 많다. 견물생심이라고 했던가. 분명히 좀 전에 식사를 했는데도 티브이에서 라면 먹는 모습이 나오면 마치 한 달 전부터 줄곧 먹고 싶었던 것처럼 라면 생각이 간절해진다. 마찬가지로 집 앞 마당이나 회사 앞 화단을 지나가다가 슬쩍 눈을 돌리면, 때마침 발화하는 때가 되어 꽃망울을 터뜨리는 꽃이 보인다. 그럴 때면 어떻게 이 모습을 잊었지, 하며 이 꽃을 식재 목록에 추가하고 싶어진다. 하물며 내 마음을 간질이는 정원이나 먼 여행지에 다녀왔을 땐 오죽하겠는가. 대부분의 사람들은 휴가를 마치고 집으로 돌아오는 길이 그리 달갑진 않겠지만, 디자이너라면 도면을 고칠 생각에 신이 나 있을지도 모른다. 이런 갖가지 이유를 들어 디자이너들은 식재 현장이라면 거의 빠지지 않고 들러서 꽃, 풀, 나무를 살핀다.

일을 시작하고 처음 찾은 현장은 노팅힐Notting Hill에 있는 작은 뒷마당 정원이었다. 런던 도심이라 크기는 작았지만, 바닥의 단차를 줘서 공간을 분할해주고 캔틸레버cantilever, 외팔보 형태의 바비큐 스탠드까지 더해 알차게 구성된 공간이었다. 정원 뒷쪽으로는 네모지게 깎은 상록 참나무Quercus Ilex를 둘러 낮은 담장을 대신해 공간을 더 깊고 무한하게 해주고, 벽돌 담장엔 흰 꽃으로 진한 재스민 향을 뿜어내는 털마삭줄Trachelospermum Jasminoides이 올라갈 수 있도록 나무 지지대를 추가했다. 그렇게 정원의 경계를 확장한 후엔 다양한 재질의 잎으로 풍성함을 극대화하고, 그 사이로 그와 대비되는 작약Paeonia 'Starlight'과 제라늄 Pelargonium 'Lilac Ice'이 이른 여름의 설렘을 더해주도록 했다.

심을 나무가 많은 것은 아니었지만 주택가의 뒷마당까지 큰 나무를 옮길 방법이 없어서 크레인을 대동했다. 뿌리분이 예쁘게 포장된 나무들이 하늘 높이 매달려 도로에서 뒷마당으로 옮겨졌다. 화단에 영양분 가득한 보슬보슬한 흙이 채워지고 나면, 이제 우리가 나설 타이밍이다. 현장 직원들이 모종판의 식물을 꺼내 도면에 있는 대로 배치해놓고, 도면에 없거나 긴가민가한 식물은 따로 빼놓는다. 그러면 우리는 꽃꽂이를 하는 것처럼 모종의 배치를 조금씩 바꾸고 정리하면서 우리가 상상했던 모습과 비슷하게 연출한다. 같은 꽃을 갖고도 플로리스트마다 다른 느낌의 꽃다발을 만드는 것처럼, 정원 식물의 현장도 비슷하다. 현장에 직접 가야만 할 수 있는 일, 그리고 현장을 많이 접할수록 더 잘할 수 있는 일이 바로 식물을 다루는 일이다.

대개 식재 현장은 이처럼 막바지에 가서 마지막 손질을 해주는 수준인데, 어느 해엔가는 하루 종일 식재 현장에 머물렀던 적이 있다. 런던 북서쪽에 있는 하노버로드Hanover Road를 찾은 그날은 때이른 봄비가 보슬보슬 내렸다. 이미 디자인은 속전속결로 마무리해두었고 나무를 고를 때에는 직접 농원까지 가서 하나하나 고르기까지 했다. 그 나무들이 배달되는 시간에 맞춰 이른 아침에 현장을 찾았다. 얼어 있던 흙이 살아나는 봄엔 여기저기 식재 현장이 많아진다. 그래서 시공 회사에선 인력이 부족해지고 결국엔 소속된 직원 외에 일용직의 일꾼들도 고용하게 된다. 그렇게 되면 아무래도 오래 손발을 맞춰온 팀이 아닌지라 어딘가 삐그덕하게 굴러갈 수도 있다. 이 점을 염려한 나머지, 존은 나에게 그날 하루 통째로 현장 감리를 맡아달라고 부탁한 것이다.

이 프로젝트의 디자인에서는 낮은 초화류의 화려함보단 자작나무의 수피, 상록 관목의 큰 뼈대를 돋보이게 하는 것이 중요했다. 그래서 자작나무를 어떤 간격으로 심는지, 기울이지 않고 곧게 심는지 등을 살펴야 했다. 자작나무 뿌리분의 크기에 따라 적당한 깊이로 땅을 팠는지 확인하고 흙을 덮기 전까지 나무의 방향과 기울기를 여러 각도에서 살폈다. 컴퓨터 3D에선 곧게 자란 나무를 배치하는 데 5분도 채 걸리지 않지만, 삽으로 땅을 파고 무거운 나무를 이리저리 돌려가며 제자리를 찾는 데엔 몇 시간이나 걸렸다. 아침 일찍부터 일을 시작했지만 나무를 옮기고 땅을 파다 보니 어느새 점심시간이 됐다. 근처 카페를 찾아 따뜻한 라테로 몸을 녹이고 간단하게 빵으로 끼니를 대충 때우고는

하노버로드 현장의 시공 모습. 이곳에서는 정원의 경계를 짓기 위해 엮어 기른 나무(pleached tree)를 사용했다. 이 나무에 대해서는 3장의 「네모난 나무: 트렌텀 가든」에 설명되어 있다.

다시 현장으로 돌아왔다.

이제 겨우 나무를 다 심었는데, 벌써부터 하늘은 어둑해졌다. 현장에는 자작나무 외에 공처럼 생긴 주목Taxus cuspidata이 있었는데, 하노버로드 정원의 중요한 조형 중 하나였다. 디자인할 때에는 그걸 자유롭게 던져놓는 느낌으로 도면에 배치하긴 했지만, 현장에서 다시 두 가지 다른 크기의 네 개의 공을 이리저리 위치를 바꿔가며 자리를 잡았다. 오후 4시면 현장 일이 끝나기 때문에 일과가 끝나기 전에 최대한 많은 일을 끝내고 싶어서 내 마음은 타들어갔다. 하지만 현장 사람들은 내 마음은 아랑곳없이 그저 여유로워 보였다. 이럴 때면 땅을 파주는 로봇은 도대체 왜 없는지 원망스럽기만 하다. 결국 내가 직접 땅을 파는 데 손을 보태며 작업 속도를 조금이나마 재촉할 수 있었지만, 같은 회사 직원도 아닌 사람들을 내가 감독하기엔 한계가 있었고 결국 계획한만큼 해내지 못했다. 하지만 하루 종일 현장에 있으면서 새로운 깨달음을 얻었다. 앞으로 현장용 도면을 내보낼 때 어떤 수치를 적어줄지, 또 도면을 어떻게 표현하면 좋을지 같은 기술적인 면도 잘 살펴야겠지만, 그보다 나와 함께 일하는 사람들과 어떻게 협업할지도 미리 가늠해봐야겠다는 것이다.

에밀리는 런던을 벗어난 지역에서 고객 미팅이 있거나 현장 감리가 잡힐 때에는 비슷한 방향의 목적지들을 묶어 동선을 잡았다. 화창했던 여름날 우리는 케임브리지에 있는 현장을 방문하기 전에 어느 한적한 주택가에 들렀다. 주택가라고는 하지만 꽤나 넓게 난 골목에 집들이 듬성듬성 저만치 거리를 두고 자리하고 있어서 옆집을 옆집이라 부르기 어색할 정도였다. 길지 않은 그 길의 끝에 우리의 프로젝트가 있었다. 전화를 걸자 관리인처럼 보이는 사람이 어디선가 나타나 대문을 열어줬다. 오면서 간략히 들은 바로는 이 집은 고객의 서머하우스 즉 여름에만 얼마간 쉬다 가는 집이고, 고객은 동남아시아 어딘가에 산다고 했다. 그가 어떤 삶을 살고 있는지 나로서는 쉽게 그려지지 않았지만 영국의 찬란한 여름을 즐길 줄 아는 사람인 건 분명했다.

대문을 열고 들어서자 덩굴로 덮힌 2층짜리 벽돌 건물을 배경으로 넓은 앞마당에 네 구역으로 나뉜 화단이 정갈하게 자리하고 있었다. 나머지 길엔 자잘한 자갈이 깔려 있었다. 각 화단엔 잘 다듬어진 뽕나무Morus alba가 한 그루씩 심겨 있고, 그 아래로는 라벤더Lavandula angustifolia와 로즈마리Rosmarinus officinalis가 보기 좋게 자리했다. 우리의 방문 목적은 정원 관리를 위해 추가해야 할 식재 목록과 수량을 정하는 일이어서, 화단을 꼼꼼히 살펴보며 목록을 만들었다. 앞마당엔 로즈마리와 라벤더 그리고 화단 끝부분을 부드럽게 만들어줄 제라늄을 넉넉히 넣었다.

벽돌집 왼쪽으로 있는 안뜰을 따라가자 앞쪽에서 보던 집 형태와는 사뭇 다른 분위기로, 새로 증축한 가든룸과 함께 에메랄

드빛의 수영장이 있었다. 납작한 돌을 켜켜이 쌓아 만든 낮은 수영장 돌담 위로는 발목 정도 높이로 오는 상록 관목으로 유유히 흐르는 구름 모양을 만들어, 수영장 벽에서 자연스럽게 흘러 내리는 물과 함께 뒷정원의 분위기를 더 여유롭게 보듬었다. 관목 중간중간에는 죽은 식물 때문에 구멍이 나 있었는데, 이곳을 채울 수종으로는 소엽 상록수인 동청괴불나무 '메이 그린'Lonicera nitida 'May Green'을 추가로 주문했다. 식재 주문서를 다 넣고 이곳을 정기적으로 관리해주는 정원사에게 전할 메모까지 적었다. 몇 달 후, 그리고 내년이면 풍성하게 가득 찰 녹색의 구름이 이 공간을 경쾌하게 만들어줄 것이다.

수영장이 있는 뒷정원에서 나무판으로 만들어진 낮은 계단을 오르면, 가운데 펼쳐진 잔디를 둘러싸고 세상의 모든 색을 다 모아놓은 듯한 야생화 들판이 펼쳐졌다. 사방으로 둘러진 들꽃을 보고 있자니 세상의 끝에 온 것처럼 고요하고 평화로웠다. 이곳엔 가을이 지나면 들꽃들을 모두 밑둥까지 잘라 겨울을 나도록 해주고, 그 시기에 맞춰 추가로 구근과 다른 들꽃 씨앗을 파종하기로 했다.

정원이 완성되기 전에 현장을 찾은 적은 많지만 이렇게 완성된 프로젝트를 관리하기 위해 방문한 건 처음이었다. 모든 식물이 자리 잡고 빛나는 모습을 보는 게 마냥 즐거웠다. 다른 한편으론 디자인뿐 아니라 그 후의 관리에도 더욱 신경을 쓰고 공부해

나가겠다는 의욕이 생겨났다. 구멍 난 식물을 새로 채우듯 나의 빈 구석이 어딘지 들여다볼 수 있는 시간이었다.

영국가든디자이너협회
컨퍼런스

디자인을 할 때엔 업무에서 배우는 점도 분명 있지만, 새로운 아이디어를 내기 위해서는 사무실 밖에서 끊임없이 보고, 생각하고, 배워야 한다. 소설가 김연수는, 글을 쓰는 데 열 시간이 걸린다면 그중 아홉 시간은 아무것도 적지 못하는 시간이라고 했다. 그렇지만 그 아홉 시간 없이는 마지막 한 시간의 글쓰기는 불가능하기 때문에 글을 쓰기 위해서는 그 시간이 꼭 필요하다는 것이다.

내면에서 답을 찾아가는 글쓰기와 달리 디자인은 얼핏 보기에 외부의 자극이 더 필요한 작업 같아 보인다. 하지만 한 시간의 작업을 위해 아홉 시간의 여백이 필요하다는 맥락에서는 디자인도 크게 다르지 않다. 외부의 자극 없이도 반짝이는 알맹이를 창조해내는 천재가 있을지 모르겠지만, 대부분의 경우엔 듣고 본 것에서 아이디어를 얻는다. 그러고 나서 얻어진 그 알맹이와 같

은 아이디어를 하나의 실체로서의 디자인으로 발전시켜나가는
건 또 다시 많은 시간을 갈구한다.

런던은 디자이너가 그 알맹이를 발견하고 만들어내기 좋은
환경을 가진 도시다. 훌륭한 정원뿐 아니라 각종 전시, 공연, 강
연이 언제나 넘쳐난다. 전시는 시공간을 초월해 작품으로 작가와
대화를 나눌 수 있다는 점이 좋았다. 혼자 즐겨도 즐겁지만 새로
운 시각으로 작품을 보고 공유할 수 있는 친구가 있다면 더할 나
위 없다. 여기에 더해 각 분야에서 최고를 자랑하는 디자이너들
이 런던에 모여 있다. 그래픽, 인테리어, 영상, UI/UX 등 다른 분
야의 디자이너의 강연을 들을 때면 내가 일하면서는 몰랐던 또
다른 가상세계를 여행하는 것 같았다. 그렇게 새로운 여행을 할
때마다 굳어가던 뇌가 다시 말랑말랑해지는 느낌이었다.

그중에서도 정원 디자이너에게 하이라이트는 영국가든디자
이너협회SGD, Society of Garden Designers가 매년 두 차례 여는 컨
퍼런스다. 행사는 유명 디자이너의 강의, 관련 업체들의 홍보, 그
리고 실무자들 간의 티타임과 미팅 등으로 구성되어 있다. 다른
이들의 작업과 생각을 배움과 동시에 서로 알아가며 자신의 영
역을 넓히라고 판을 깔아주는 격이다. 입장권 가격이 상당한데도
불구하고 항상 조기에 마감되는 걸 보면, 많은 정원 디자이너들
이 갈망하는 행사임이 분명하다.

컨퍼런스는 왕립지리학회The Royal Geographical Society 건물에서 열렸다. 하이드 파크 맞은편의 빅토리아 앤 알버트 뮤지엄 V&A, Victoria and Albert Museum과 자연사박물관Natural History Museum을 포함해 런던의 대표적인 박물관들이 그 부근에 밀집해 있다. 튜브를 타고 그린 파크Green Park 역에 내려 버스를 갈아타고 가는 길에는 왼쪽으로는 그린 파크가, 오른쪽으로는 하이드 파크가 가을 단풍으로 짙게 물든 길을 선보였다. 반쯤 떨어진 낙엽과 겨울을 준비하는 나뭇가지 덕택에 공기 속에는 나무 향이 낙낙했다. 행사장 입구에서 입장권과 이름표를 맞교환한 뒤 육중하고 단단하면서 표면이 반질거리는 돌계단을 밟고 오르니, 마치 내가 특별한 사람이 된 것처럼 굽었던 어깨가 곧게 펴졌다. 도시에 올라온 시골쥐처럼 보이고 싶지 않아 고개를 두리번거리지 않으려 애썼지만, 어느새 눈동자는 화려한 천장과 나선 계단까지 빠르게 훑고 있었다.

사람이 비교적 적은 행사장 2층 앞쪽에 자리를 잡았다. 얼마 지나지 않아 협회 부의장 존 와이어John Wyer의 주제 설명으로 컨퍼런스가 시작됐다. 그는 어릴적 갖고 놀던 레고를 예로 들면서, 어떻게 레고가 공간, 구조, 패턴과 형상에 대해 호기심을 불러일으켰는지 회상했다. 생각해보면 우리가 살아가는 공간에서 공기를 제외하고는 형태를 갖지 않은 것이 없다. 당장에 내 손등만 들여다봐도 이 살결이 가진 패턴을 관찰할 수 있지 않은가. 이

번 컨퍼런스의 주제가 '기하학: 정원과 풍경에 관한 새로운 관점 Geometry: New Angles on Gardens & Landscape'인데, 우리가 어릴 때 쉽게 접했던 레고를 통해 행사의 취지가 잘 연결된 듯하다.

첫 강의는 건축가이자 조경가인 크리스토퍼 브래들리-홀 Christopher Bradley-Hole이 맡았다. 그는 한눈에 봐도 직선적 요소가 강한 자신의 작품과 다소 거리감이 있는 피카소의 그림 〈게르니카〉를 큰 화면으로 띄우며, 이 작품이 '왜' 그리고 '어떻게' 그를 즐겁게 하는지 이야기했다. '즐겁다'라는 단어가 적절한지는 모르겠지만, 예술작품 앞에서 작품의 배경이나 작가의 의도를 생각하지 않고도 눈이 즐거워지는 경험은 다들 있을 것이다. 정지되어 있지만 일정하게 반복되는 형태로 인해 느껴지는 생동감이라든지 직선과 곡선의 조화로움, 또는 명함의 대비 같은 것들로 말이다. 그는 그렇게 그림에서 배울 수 있는 기하학적 요소와 비례를 조경 디자인에 활용해 디자인을 발전시켜나갔다.

옛 아스널 구장을 아파트 단지로 바꾸는 프로젝트에서는 몬드리안의 그림을 디자인 모티브로 삼았다고 한다. 몬드리안의 그림과 그의 기획안을 나란히 펼쳐보니 '아니, 디자인을 이렇게 쉽게 해도 되는 건가' 싶게 선과 비율이 비슷했다. 그러나 역시 훌륭한 디자이너답게 평면에서 시작한 선을 입체적 공간에서 그 재질과 높이를 다양하게 구성함으로써 공간에 흥미를 더해줬다. 언뜻 보기에 이 같은 단순한 디자인이 쉬워 보일 수도 있지만, 디자인을 하다 보면 욕심이 끝도 없이 생기게 마련이고 결국에 좋은 디자인이란 얼마나 더하느냐가 아니라 얼마나 뺄 수 있느냐가 관건인 것 같다. 더하지도 않고 덜하지도 않은 상태에서 멈추는 일, 그게 바로 디자인의 대가가 오르는 경지다.

첫 발표가 끝나고는 30분 정도의 티타임이 있었다. 그 뒤로 또 다른 디자이너의 강연과 식물 농장에서 새로운 품종을 소개하는 자리가 끝나자 한 시간 정도 점심시간이 주어졌다. 1층 홀은 영화에서나 보던 파티장의 모습이었다. 둥그런 테이블엔 갖가지 핑거푸드가 차려져 있었고, 중앙 복도 쪽엔 스콘과 케이크 등 디저트까지 마련되어 있었다. 음식이 담긴 접시를 손에 들고 여러 사람들과 얘기를 나누는 게 기회이고 네트워크를 넓혀갈 수 있는 방법이겠지만, 불편한 자리에서 먹으면 종종 체하는 나는 음식을 들고 반대편 끝쪽 계단으로 향했다. 그 계단 아래에선 몇몇 참석자들이 마치 내향인의 모임인 것처럼 각자 적당한 거리를 둔 채 요기를 하고 있었다. 계단 위쪽에서 그 모습을 보고 있자니 웃음이 나왔지만, 이내 웃음기를 거두고 나도 그 대열에 합류했다.

대충 배고픔을 면하고 나서 주스를 한잔 받아 들고는, 이번 행사에 함께 참석한 존과 에밀리를 찾아나섰다. 에밀리를 찾는 건 어렵지 않다. 강연장에서는 연사의 마지막 인사가 끝남과 동시에 연단을 향해 질문을 던지는 이를 찾으면 된다. 이번에도 사람들이 가장 많이 모여 있는 곳에 에밀리의 얼굴이 보였다. 에밀

리의 이야기가 끝나길 기다렸다가 인사를 나누고 곧장 존을 찾으러 갔다. 사교계의 여왕 같은 에밀리와 다르게 존은 나와 비슷한 내향인이다. 그는 전시 부스의 안내자로 참가한 딥데일 사의 마크와 얘기를 나누고 있었다. 존은 나와 에밀리에게 마크를 소개시켜주고는, 지금 하고 있는 프로젝트에 대해 몇 가지 묻고 조만간 나무를 보러 농원을 찾겠다고 말했다. 협력사 직원이라기보다 오랜만에 만난 친구처럼 보였다.

전시 부스들의 규모가 크진 않았지만 이미 어느 정도 인지도 있는 엄선된 제품들이 소개되고 있었기 때문에, 물건을 새롭게 선보이는 것과 동시에 동종 업계 사람들과 안면을 틀 수 있는 좋은 기회였다. 실제로 이날 처음 만난 마크와는 그 뒤로 식재 주문할 때마다 연락하는 사이가 되었다(앞서 「나무 농원」 편에도 등장한다). 농원에 방문했을 때에도 누구보다 환대해주며 우리가 원하는 나무를 찾을 수 있게 열의를 갖고 도와줬다. 그 밖에 클로이의 정원에 사용했던 벨기에 수제 벽돌도 이때 처음 알게 되어 샘플을 받아두었던 제품이다. 그렇게 여러 명함과 팸플릿을 받아들고는 다시 곧 강연이 시작된다는 방송에 자리로 돌아갔다.

오후 강의 중 가장 인상 깊었던 디자이너는 일본계 브라질 조경가인 앨릭스 하나자키Alex Hanazaki였다. 그는 본인이 자라온 이야기로 강연을 시작했는데, 일본에서 브라질로 이민 온 조부모를 통해 경험한 일본의 문화가 어떻게 그의 작업에 영향을 끼쳤는지 설명했다. 그의 말을 들으면서 처음에는, 실제로 일본에서는 살아보지도 않은 그가 얼마나 일본 문화를 이해할까 하는 궁금증이 먼저 든 것이 사실이다. 하지만 그의 작업을 살펴볼수록 깊은 이해와 공부를 통해 일본 문화를 재해석해낸 탐구 정신에 감탄했다. 한국에서 나고 자란 내가 우리 문화라는 조건을 너무나 당연하게 받아들였던 것은 아닌지, 잠시나마 스스로를 돌아볼 수 있었다.

강연 내내 관중들을 빵빵 터트리는 그의 재치와 유머감각 또한 디자인에 묻어났다. 욕실 브랜드인 데카Deca의 사옥 조경 디자인은 고요하면서도 작은 숲속에 온 것처럼 생동감이 넘쳤다. 그 와중에 넓은 거울 같은 수조 위로 커튼처럼 떨어지는 물줄기는 데카의 샤워기 헤드를 일렬로 줄지어 배치함으로써 연출했다. 또 정원 안쪽의 벽천壁泉에 각기 다른 높이로 설치된 수전에서 나오는 물이 세면대로 떨어지며 내는 소리는 하나의 음악 연주 같았다. 정원 한편에 있는 개비온 담장과 대결이라도 하듯 철근에 갇혀 켜켜이 쌓여올려진 변기는 그 기지의 정점이었다. 누가 변기를 조경 디자인에 사용하려고 생각이나 했겠는가.

그는 마지막으로 프랑스 철학가 가스통 바슐라르의 말을 인용하며 강의를 마무리했다.

"상상은 기억, 배움, 개인의 경험, 그리고 타인의 세계 속에 자리 잡는 관계에서 떠오른다. 이런 의미에서 상상은 항상 전기,

즉 삶의 이야기라고 할 수 있다. 이는 문화적 자산에 더해진 감정적 기억이다."

상상하기 위해서는 내 기억과 배움, 경험 이외에도 다른 타인의 삶에 들어가는 과정이 필요하다는 말이 깊이 다가왔다. 이번 컨퍼런스가 나에겐 타인의 삶에 들어가는 과정이었다. 또 하나, 좋은 디자인을 위해선 아름다운 삶이 필요하다는 사실을 재차 깨달았다. 이는 단연 디자인에만 해당되는 말이 아닐 것이다. 내가 보고 듣고 생각하는 모든 것이 어떻게든 내가 하는 말과 행동, 그리고 작업에 묻어나올 테니 말이다. 하루의 행사가 모두 끝나고 건물 밖을 나서자 이미 런던의 거리는 어둑해졌고 크리스마스 조명이 빛나고 있었다. 반짝거리는 그곳을 걸으며 매일을 조금 더 '아름답게' 살겠다고 다짐했다.

즐거움을 위한 정원:
장식과 양식

나는 공간이 사람의 생각을 만든다고 믿는다. "단순한 것이 더 아름답다Less is more"를 말한 미스 반 데어 로에Ludwig Mies van der Rohe의 스케치처럼 1970년대 지어진 미니멀한 입면의 아파트에서 태어나 자란 나는 모더니즘 건축을 동경했다. 모더니즘 건축은 고딕 건축과 닮아 있다. 이루고자 하는 공간을 위해 구조와 기능만이 가치를 갖고, 그 외의 것들은 불필요한 장식이 된다. 오스트리아의 건축가 아돌프 로스Adolf Loos는 이런 모더니즘 건축을 찬양하며 '쓸데없는 장식은 범죄'라고까지 말했다. 이런 말들을 내심 따랐던 내가 영국에서 생활하면서부터, 화려한 장식의 V&A 뮤지엄과 유려한 문양의 윌리엄 모리스의 패턴을 좋아하고, 그동안 괄시해왔던 현란한 장식에 빠지게 되었다.

어쩌면 장식이 갖는 비중의 차이가 건축과 정원의 차이일 수도 있겠다. 건축과 달리 정원은 그 주된 초점이 기능이 아닌 즐거

윌리엄 모리스 갤러리(William Morris Gallery) 기념품숍의 모습.

움에 맞춰져 있다. 그리고 그 즐거움을 위해 장식과 양식이 도구처럼 쓰인다. 정원을 디자인할 때엔 어느 하나 똑같은 땅은 없기에 똑같은 디자인의 정원도 없다. 게다가 집과 마찬가지로 정원에는 디자이너뿐만 아니라 집주인의 취향과 삶의 태도가 묻어나기 마련이다. 이전엔 디자인이라 하면 그것에 디자이너의 철학이 묻어나고 디자이너만의 일관성이 담겨야 한다고 생각했다. 어떤 디자인을 보고는 누가 말해주지 않아도 그것의 디자이너를 알아차릴 수 있게끔 말이다. 그러나 이젠 진정한 고수는 어떤 스타일을 고집하는 것이 아니라, 맥락이나 고객에 맞게 다양한 스타일을 만들어내는 이라고 본다. 이처럼 스타일에서 자유로울 수 있으려면 우선 과거의 모든 양식을 이해하고 습득해서 자기 것으로 만들어야 한다.

에밀리는 그런 면에서 디자인의 고수였다. 같이 일하며 진행한 프로젝트 모두 제각기 다른 성격에 다른 모습을 하고 있다. 그는 런던의 신식 아파트 테라스 정원으로 2017년 영국가든디자이너협회가 주최하는 SGD 어워즈SGD Awards에서 수상하면서 유명해졌는데, 그 이후 같은 아파트에서 디자인 의뢰가 들어왔을 땐 고객에게 완전히 새로운 디자인을 제안했다. 이미 인정받은 디자인이 있고 고객이 그 디자인을 보고 의뢰한 것이라면 그와 똑같진 않아도 비슷하게 만드는 게 안전한 선택일 텐데 말이다. 생울타리를 이용해 정돈된 프랑스식 정원 느낌의 디자인을 선보이다가, 또 다른 프로젝트에선 선이 자유롭고 자연스러운 영국식 정원을 디자인하기도 한다. 식재 또한 마찬가지다. 새로운 일엔 꼭 새로운 식물들을 조합하려 한다. 디자인하는 데 시간이 오래 걸리지 않는 듯한데도, 언제나 통통 튀는 새로운 아이디어를 들고 온다.

에밀리의 진가는 피카즈 우드Piccards Wood라는 프로젝트를 하며 더욱 제대로 발휘됐다. 사이트는 런던에서 남쪽으로 차로 40분가량 걸리는 조용한 동네, 길퍼드Guildford에 있었다. 우리가 조경 디자인을 맡은 1870년대 빅토리아 시대의 대저택은 1천 평이 족히 넘는 대지에, 아래로 내려갈수록 울창한 숲에 채석장까지 갖췄다. 연하고 진한 베이지색의 오래된 돌로 된 건물 내부는 여기저기 뜯겨져 새롭게 단장되기를 기다리고 있었다. 오래된 마룻바닥이 삐걱거리는 소리를 들으며 천천히 걷고 있으면 큰 창을 통해 들어오는 햇살이 그 발걸음에 따라 반짝였다. 집 내부를 구경하고 나서 정원에 첫 발을 내디디니 영국 대저택들이 나오는 영화 장면이 머릿속을 스쳤다. 정원은 드넓었고 남쪽의 늦여름 햇살이 따사롭게 내리쬐고 있었다. 아주 잠시 머물렀는데도 가슴이 확 트이고 기분이 한껏 좋아지는데, 이런 곳에 살면서 아침마다 이런 풍경을 보면 어떤 기분일까를 상상했다. 내가 살아온 환경과는 너무 다른 공간을 디자인하며 그 공간에서의 생활을 상상하는 시간은, 이 일을 할 때만 얻을 수 있는 짧지만 달콤한 솜사탕 같다.

클래식한 건축의 외관은 함부로 손댈 수 없었다. 또한 보호 구역에 자리하고 있어서 모든 건축 관련 디자인 변경과 조경 디자인에 대해서도 허가가 필요했다. 건물의 증축은 매우 제한적이라서, 새롭게 만드는 수영장 위를 1850년대에 지어진 크리스탈 펠리스Crystal Palace 같은 디테일의 유리하우스로 씌우는 게 가장 눈에 띄는 변화였고, 나머지는 지하 면적을 넓히는 정도였다. 조경 디자인에서도 제약이 많았다. 우선, 옛날 돌로 만들어진 모든 벽과 담장을 보존해야 했다. 그러다 보니 새로운 벽도 모두 지역의 돌을 사용해 기존의 스타일과 동일하게 맞추기로 했다(나중에 찍은 사진을 보면, 어떤 벽이 예전 것이고 어떤 벽이 새로 쌓은 건지 모를 정도로 시공이 감쪽같다). 기존에 깔려 있던 바닥 돌 또한 그대로 드러내, 잘 다듬고 닦아서 새로운 돌과 섞어 다시 바닥에 깔기로 했다. 그에 더해 건물이 지어진 시기에 유행했던 '아트 앤 크래프트'의 장식적 바닥 패턴을 외부 공간의 카펫처럼 라운지 공간에 시공하도록 새로 디자인했다.

새로 짓는 수영장 테라스 아래로는 지하 공간을 이용한 또 다른 부엌을, 그 앞으로는 테라스를 새로 계획했다. 또한 대지 전체 중 유일하게 모던한 스타일인 테라스 공간에 맞춰 외부 부엌과 식사 공간을 꾸몄다. 부엌 싱크와 작업대는 콘크리트로 최소한의 구조만 남기고 캔틸레버식으로 떠 있는 듯한 느낌을 주기로 했다. 대지 경계가 있는 담장에는 새로운 덩쿨식물과 화단을 추가했는데, 다른 곳과는 달리 이곳 식재는 세련되면서도 조화로운 색상의 초화류로 강조점을 줬다.

정원의 대부분을 차지하는 테라스식 화단엔 기존의 오래된 돌을 사용해 흙을 지지해주는 낮은 벽을 세우고, 식재는 프랑스 남부의 것들로 꾸몄다. 남향의 테라스는 하루 종일 뜨거운 햇살을 마주하는 데다 테라스 경사로 건조하기까지 했다. 그래서 영국 특유의 서늘하고 축축한 곳에서 잘 자라는 식물보다 지중해 식물이 제격이라고 보았다. 그와 동시에 긴 겨울 동안 정원을 지키고 있을 상록의 식물들도 빼놓을 수 없다. 집에서 한눈에 펼쳐질 정원이라 사계절 내내 변화무쌍한 모습을 보여줘야 하고, 가능한 한 다채로운 즐거움을 가져다줘야 한다는 점을 잊지 않았다.

본격적으로 식재 설계에 들어가기 전에, 에밀리가 여행하며 모아둔 프랑스 정원 책들을 같이 살펴봤다. 어딜 가든 항상 레이더가 열려 있는 에밀리는, 꼭 어린아이같이 주위의 모든 것을 반짝반짝 빛나는 눈으로 관찰한다. 여름이면 일하는 시간보다 휴가로 보내는 시간이 더 많아 대체 일은 언제 할 속셈인 걸까 싶지만, 여행을 다녀오면 가는 곳마다 동네책방에서 정원과 식물 관련 책을 꼭 여러 권 사 들고 왔다. 같이 책을 뒤적이며, 어떤 식물을 쓰는 게 좋을지 어떤 스타일로 식재할지를 대략 정하고는 머릿속으로 상상의 그림을 그리며 도면에 식물을 하나씩 배치했다. 기둥 모양의 주목과 둥글둥글한 유포르비아 스티기아나Euphorbia Stygiana로 구조를 잡아주고, 은빛의 잎에 노란색 꽃을 피우는 산톨리나Santolina와 이탈리안 헬리크리섬Helichrysum italicum으로 지중해의 생동감을 더해줬다. 그 외에도 봄이면 아이리스Iris Jane Phillips, Iris Superstician가 피어오르고, 낮은 벽으로는 타임Thymus vulgaris과 로즈마리가 벽 아래로 흐드러질 것이다.

그렇게, 150년 전에 지어진 건축물에서 세 살 된 딸과 함께 살아가는 젊은 부부의 정원엔 빅토리안 스타일부터 화려한 장식의 아트 앤 크래프트, 현대의 미니멀 스타일까지 다양한 양식이 한곳에 담겼다. 건축은 시대의 거울이라는 말을 들으며 교육받은 나는 과거의 스타일을 디자인하는 게 익숙지 않았다. 그러나 다시 생각해보면, 과거의 건물과 정원을 보호하고 존중하며 그에 맞춰 디자인하는 것 또한 이 시대의 가치관이고 태도다.

한 가지 양식을 고집하지 않고, 과거에서부터 쌓아온 풍성한 재료를 한데 펼쳐 뷔페처럼 골라 즐기는 자유가 이 시대엔 어렵지 않은 일이 되었다. 이전보다 장식과 양식으로부터 자유로워졌달까. 역사를 돌이켜보면 구조와 공간이 중심이 되었던 고딕 이후엔 바로크가, 기능이 중시되었던 모더니즘 다음엔 포스트모더니즘이 등장하며 이전 시대에 억눌렸던 장식이 더욱 화려하게 돌아온다. 우리나라의 성냥갑처럼 생긴 아파트, 그 무심한 건물 디자인에 대비되듯 (근래에는 그 빈도가 많이 줄었다고는 하지만) 내부는 꽃벽지라든지 과한 몰딩 같은 요소들로 인해 시각적으로 '바쁘다'. 어쩌면 이는 그 미니멀한 외양에 대한 대항인지도 모른다.

근래 들어서 도시에 식물로 장식된 내부 공간이 자주 눈에 띈다. 제한된 외부 공간과 식물에 대한 갈증이 내부로까지 밀려 들어온 것이 아닌가 싶다. 심지어 식물과 인테리어를 결합한 '플랜테리어'라는 신조어까지 등장했다. 식물을 사랑하는 사람으로서 그 장소가 어디가 되었든 식물이 자주 보이는 건 반가운 일이다. 그런데 상업 공간의 내부 디자인을 작업할 때나, 외식을 하러 나갔다가 만나는 '진짜 같은' 조화를 마주칠 때면 또 다시 머릿속이 복잡해진다. 뭔가 앞뒤가 바뀐 느낌이다. 식물을 이용한 장식이 아니라 장식을 위한 식물이 되었달까. 장식의 가장 큰 목적이 즐거움과 아름다움이라면, 이렇게 반추해볼 수 있을 것 같다. 은은하게 퍼지는 풀잎 향, 그리고 식물과 있을 때면 느낄 수 있는 촉촉한 공기 없이, 식물처럼 보이는 플라스틱에 둘러싸인 공간이 진정 우리가 원하는 공간일까 하고 말이다.

에밀리 되기:
조율하는 디자이너

런던 기차역에서 40여 분을 서쪽으로 달려 워킹Woking이라는 역에 도착했다. 도시에서 시골 풍경으로 바뀌기까지 30분도 채 걸리지 않았다. 런던에 온 지 1년도 안 된 외국 사람을 혼자 현장으로 보내는 에밀리는 일을 믿고 맡기는 면에서 참 고마운 소장이었다. 한산한 기차역에 내려 우버를 탄 지 5분도 지나지 않아 양 옆으로 나무가 우거진 길이 나오더니, 얼마 더 가지 않아 고객의 집 앞에 도착했다. 오른쪽 담장의 인터폰을 누르니 으리으리한 쌍여닫이 대문이 활짝 열렸다. 건물 정면에서 보이는 창문 개수만 열 개가 넘는, 런던에서는 볼 수 없는 사이즈의 벽돌집이 어깨를 한껏 편 듯 기세등등하게 서 있었다. 건물 앞마당 한가운데엔 빗자루처럼 가지가 죽 늘어진 낮은 키의 유럽너도밤나무Fagus sylvatica 한 그루가 눈에 띄었다. 나에게는 약간 처량해 보이기까지 하는 저 나무가 이 집의 주인에겐 애착이 많이 가는 것이었는지, 앞뜰을 새로 디자인할 때 저 나무만큼은 꼭 살려달라는 당부를 들었다.

의뢰인과 집 안 거실에 있는 테이블에서 잠깐 이야기를 나눴다. 주방과 식당 그리고 거실 공간이 내가 지내오던 아파트와는 너무 다른 모습이어서 순간 놀랐지만 애써 태연한 척했다. 사실 집 안의 공간이 너무 넓고 따로 나누는 벽체가 없어서 각 공간별로 이름을 붙이는 게 무의미했다. 거실 한편엔 반려견의 집과 공간이 따로 마련되어 있기도 했다. 내가 사는 런던 집보다 저 개의 생활 환경이 훨씬 좋아 보일 정도였다.

함께 도면을 살펴보고는 바로 거실 뒤쪽으로 이어지는 정원으로 나섰다. 거실과 안뜰 사이엔 폴딩도어가 있어서 문을 활짝 다 열어놓으면 확장된 거실처럼 쓸 수 있었다. 데크가 깔린 공간인 파티오patio엔 선베드와 바비큐 용품이 여기저기 흩어져 있었다. 파티오 뒤로 펼쳐진 잔디밭 너머로는 숲처럼 우거진 나무들이 울창해서 정원의 끝이 어딘지 가늠이 되지 않았다. 이 집 이름에는 'mill'이 들어가는데, 왼편에 졸졸 흐르는 냇물 위로 물레방아가 세워져 있는 것을 보니 왜 그런지를 이해할 수 있었다.

파티오 오른쪽으로는 나무로 지은 창고가 있었다. 알고 보니 집주인의 전용 바 공간으로, 작은 부엌이 구비되어 있고 온갖 술이 채워져 있었다. 집 건물과 다른 방향으로 축이 틀어져 있어서 더 자유롭고 편안한 분위기를 자아냈다. 정원의 중심 공간이 되기 알맞춤이었다. 그래서 정원의 주요 공간을 파티오와 바 사이로 정하고, 바의 축에 맞춰 정원을 가꾸기로 했다. 정원 디자인은 디자이너의 일인 것이 분명하지만, 신기하게도 정원의 분위기는 고객에게서 자연스럽게 배어난다. 이 집의 거주자들은 흐르는 냇물과 저 멀리 펼쳐진 평야의 평화로움 그 자체인 공간의 분위기를 사랑하는 이들이었다. 그래서 최대한 이 모습을 그대로 유지하면서 말끔하고 단정한 콘셉트를 더하기로 했다. 식재는 생울타리와 교목으로 전체적인 무게를 잡아주고, 듬성듬성 초화류 화단을 배치해서 계절의 변화를 극적으로 보여주고자 했다.

첫 미팅을 가는 길에 에밀리는 사이트에 관한 설명 외에도 고객이 어떤 사람인지에 대해서도 들려주었다. 성공한 사업가이고 20대 초반 정도의 아들이 있으며 최근에 이혼을 했단다. 새로운 고객들은 대개 이처럼 인생의 큰 변화 속에 있다. 결혼을 한다거나, 아이를 갖는다거나, 이사를 한다거나 하여 자신의 생활 터전 또한 탈바꿈하고자 하는 경우다. 새로운 변화에 대한 기대로 가득한 이들과의 만남은 좋은 에너지로 가득하다. 그들의 미래를 이끌어줄 공간을 디자인한다는 것은 내게 충분한 동기 부여가 된다. 이 '물레방앗집'의 정원 시공이 끝나갈 무렵엔 고객의 전 아내가 디자인을 의뢰하기도 했는데, 서로 판이한 분위기의 정원들을 살피면서 우리는 '그와 그녀His & Her' 디자인이라고 장난스럽게 얘기하곤 했다.

우리가 내보이는 디자인이면 뭐든지 좋다고 해주는 고객을 만나는 건 흔치 않은 행운이다. 그러다 보니 이 일은 순탄하게 흘러갈 줄로만 알았다. 그러나 평화롭기만 했던 디자인 과정과 달리 시공 과정은 마찰의 연속이었다. 고객은 자신의 집을 오랫동안 돌보아온 정원사 칼에게 되도록 많은 일거리를 주고 싶어 했다. 공사의 규모가 컸기 때문에 우리의 디자인을 총괄해서 시공사를 정하고, 그 시공사와 칼이 어떤 일을 어떻게 나눌지를 정하는 일이 뒤따랐다. 그런데 이 둘의 관계가 그리 좋을 리 없었다. 어떤 일을 누가 맡을지, 그 사소한 것 하나하나를 디자이너인 우리가 정해줘야 했다. 이 둘은 어린애들처럼 서로의 잘못을 이르기 바빴다. 에밀리의 휴대전화에선 이쪽저쪽에서 걸려오는 전화 벨소리가 끊이지 않았다. 하루 종일 통화만 해야 하는 날도 있었다. 그 통화 내용을 전해 듣는 것만으로 내가 싸움의 한가운데 있는 것처럼 괴로웠는데, 초등학생 아들 둘을 둔 에밀리는 정말 능숙하게 그 상황을 잘 처리해갔다.

좋은 작업이 되려면 디자인을 잘하는 것도 물론 중요하지만, 그 디자인을 구현하는 과정이 더 중요하다고 느껴질 때가 많다. 디자인의 현실화를 위해서는 좋은 고객과 시공사, 날씨와 재료 수급 같은 온갖 종류의 기본적 조건에 더해 그 사이에서 많은 걸 조율하는 디자이너의 힘이 필요하다. 조율이란 책이나 학교에서 배울 수 없는 기술이라 더더욱 같이 일하는 동료가 중요하다. 에밀리가 고객을 대하는 자세나 시공 과정에서 온갖 상황을 매듭짓고 풀어가는 방식, 그리고 어쩔 수 없이 뜻하지 않은 일이 생겼을 때 빠른 태세 전환으로 해결 방법을 찾는 모습을 볼 때면 자연스레 존경심을 품게 됐다. 나 또한 저런 사람으로 성장했으면 하고 바랐다. 그 뒤로 다른 곳에서 일할 때에도 문제가 생기면 '에밀리라면 지금 어떻게 할까'를 떠올려보기도 했다. 하지만 역시 '에밀리 되기'란 쉽지 않았다. 어쩔 수 없다. 타고 나지 않았다면 끊임없이 연습하는 수밖에.

디자인이 어느 정도 결정되고 최종적으로 재료를 정하는 시점에서는 런던 클러큰웰Clerkenwell에 있는 재료상을 돌아다니며 타일과 돌을 골랐다. 또 다른 질감이나 색상을 보고 싶을 땐 해당 업체에 연락해서 택배로 받기도 했다. 그렇게 여러 샘플을 모아 들고 또다시 고객의 집을 찾아갔다. 그곳의 잔디와 흙, 건물 외장재, 그리고 햇빛을 같이 보며 어떤 재료가 더 어울릴지 결정하는 게 좋을 것 같다는 생각에서였다.

화창한 가을날 그 집 정원 한편의 탁자 위에 샘플 상자를 펼쳐두고 재료를 골랐다. 사무실 컴퓨터에서 볼 땐 데크 색상으로는 어두운 색이 더 괜찮아 보였는데, 막상 야외에서 보니 이곳과는 밝은 데크가 더 어울리는 듯했다. 그에 맞는 타일과 돌을 골라 조화로운 팔레트를 구성했다. 역시 직접 가져와서 고르길 다행이었다.

고객은 디자인 외에 재료와 관련한 어떤 결정도 거의 대부분 우리를 믿고 따라줬다. 그렇게 평화로운 미팅이 끝나고 가져온 재료를 정리하는데, 고객이 미처 못한 말이 있다며 한마디를 던졌다. "사실, 전 아무래도 다 상관없고, 우리 개가 행복하게 뛰어놀 수 있는 정원이었으면 좋겠습니다." 농담처럼 꺼낸 그 한마디가 런던으로 돌아오는 내내 머릿속에 맴돌았다. 그리고 보니 첫 미팅 때부터 이야기를 나눌 때면 항상 그의 곁에는 개가 있었다. 다른 가족들이 오가긴 하겠지만, 삶의 대부분을 함께하는 개의 행복이 그에겐 가장 우선순위였다. 그 집의 공간 절반 이상이 개가 뛰어놀기 좋은 너른 잔디밭인 이유도 그제서야 이해가 갔다. 사무실로 돌아간 뒤에는, 이 재료는 개가 디딜 때 미끄럽지 않을지, 혹여나 개에게 위험한 식재가 있는 건 아닐지를 차근차근 살폈다.

런던 공원에 가면 목줄 없이 뛰어노는 개들을 쉽게 볼 수 있다. 물론 그렇게 풀어놓아도 큰 문제를 일으키지 않게끔 어릴 때부터 체계적인 훈련을 시키는 게 일반적이다. 스트레스 없이 뛰어놀아서일까, 도시 어디서나 만나는 개들은 참 예의 바르다. 그러니 웬만한 곳은 주인이 개들과 함께 입장할 수 있다. 그들 때문에 불편해하는 이들도 거의 없다. 개와 사람 모두가 행복한 판타지 세상이 존재하는 줄은 여기 런던에 와서 처음 알았다.

여름에 시작된 공사는 크리스마스가 지나고 다음 해가 되어서야 마무리됐다. 집 왼편의 물레방아가 있는 공간에는 데크를 넓히고 돌담을 새로 쌓아 냇가의 물소리와 함께 커다란 나무 그늘 아래 쉴 수 있는 공간을 조성했다. 아침이면 코끝까지 시원한 공기 아래서 따뜻한 커피를 마시며 여유롭게 신문을 읽을 공간이다. 이런 장면을 상상할 때면 자연스레, 소파 옆에서 편안히 쉬고 있는 개의 모습도 빠지지 않는다. 주말이면 사람들을 초대해 파티오와 바 공간에서 고기를 굽고 여름이면 핌즈를, 겨울이면 뱅쇼를 나눠 마실 것이다. 새로 만든 모닥불 공간에 옹기종기 모여 불멍의 시간을 보내도 좋다. 흐드러지게 핀 초화류가 시간의 변화를 엿볼 수 있게 해주는 너른 잔디밭은 개가 언제든 뛰어놀 수 있는 공간이 되겠지. 가을이면 은행나무로 노랗게 물들고, 봄이면 화려한 색으로 봄을 알릴 아이리스 정원에서 그 둘이 편안히 새 계절을 맞길 바랐다.

"사실, 전 아무래도 다 상관없고, 우리 개가 행복하게 뛰어놀 수 있는 정원이었으면 좋겠습니다."
그 집의 공간 절반 이상이 개가 뛰어놀기 좋은 너른 잔디밭인 이유도 그제서야 이해가 갔다.

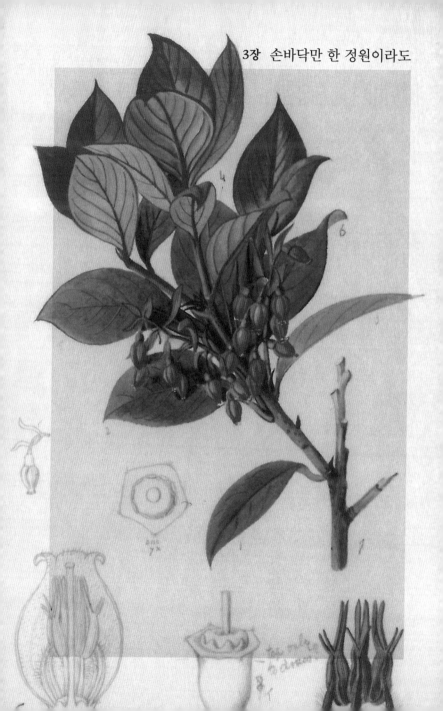

네모난 나무:
트렌텀 가든

대학교 1학년 조경학 개론 수업에서 들었던 말 중에서 여전히 또 렷이 기억나는 문구가 있다. 바로 '조경은 종합과학예술'이라는 말이다. 종합적이고 과학적이면서 예술적이기도 하다는 말은 다 소 모호하고 어렵게 들린다. 종합적이란 말은 조경에서 매번 등 장하는 '자연과 인간의 조화'를 가리킬 것이다. 그런데 이 조화라 는 단어가 대학 시절 내내 풀리지 않는 문제였다. 조화라 함은 서 로 잘 어울리는 것이고 그러기 위해서는 둘의 관계가 대등해야 할 것 같은데, 과연 조경이 자연과 인간을 같은 선상에서 보고 있 느냐는 것이었다. 다시 말해 조경은 인간을 위한 것인가, 자연을 위한 것인가.

먼저, 조경은 사람을 위한 것인가. 자연을 삶에 끌어들여 우 리가 사는 환경을 더욱 아름답게 해주고, 이로써 육체적·심리적 건강을 튼튼히 하며, 열섬 현상에서 공기 오염까지 여러 재해를 줄여준다. 이는 굳이 전문가의 연구로 설명하지 않아도 다들 몸소 경험한다. 여름철 그늘 하나 없는 뙤약볕을 걷다가 나무 그늘 아래 들어갔을 때의 시원한 느낌, 기억나지 않는가.

그렇다면 조경이 자연을 위한 것일 수도 있을까. 지금 생각해 보면 왜 그토록 이 질문에 집착했는지 모르겠다. 워낙 자연을 좋아하는 마음에 내가 하는 일이 자연을 위한 것이면 좋겠다는 바람이 있었는지도 모른다. 조경사造景史 시간엔 프랑스 조경과 영국 조경의 차이점을 배웠다. 베르사유 궁전처럼 기하학적이고 네모 반듯한 프랑스 조경은 자연을 통제하려는, 인간을 위한 조경임에 분명했다. 그에 반해 영국 조경은 그림 속 풍경을 따라 만드는 조경으로 얼핏 보면 원래 자연 풍광 그대로인 것처럼 정원을 조성했다. 자연을 닮았지만 사람의 손으로 만들어진 자연인 것이다.

동양의 전통 조경도 비슷한 맥락이다. 중국은 자연을 옮겨다 놓은 듯 정원을 조성했는데, 조산造山이라는 단어에서 알 수 있듯 심지어 산도 세울 수 있었다. 일본은 이와 상반된 스케일로 자연을 축소했다. 나무의 크기를 줄여 분재를 만드는 기술이 발달한 것이 대표적인 예다. 한국은 어땠을까. 상대적으로 조경이 기술적인 면에서는 크게 발달하지 않았지만, 자연을 대하는 태도 면에서는 가장 인상적인 성취를 이루지 않았나 싶다. 자연에 소극적인 태도가 결국엔 자연을 있는 그대로 두고 감상하는, 자연친

화적인 스타일로 자리매김하지 않았을까. 그래서인지 분재라든지 나무로 만든 조형물을 보고는 혀를 끌끌 차는 어르신들을 종종 접했다. 왜 가만히 놔두면 잘 자라는 나무를 못살게 구느냐는 말씀과 함께.

군이 내가 어떤 가치관을 선택하지 않았더라도 어떤 문화가 은연중에 스며들어서인지, 처음 파리에 가서 샹젤리제 거리에 줄 세워진 네모난 모양의 나무들을 봤을 땐 멋있다는 감상보다는 약간의 불편함을 느꼈다. 그 불편함에는 초여름마다 앙상하게 전정되는 서울의 가로수를 떠올린 까닭도 있었다. 그러나 파리 못지않게 런던에서도 네모지게 다듬어진 나무를 쉽게 볼 수 있다. 나무뿐 아니라 생울타리, 영어로는 헤지hedge라고 부르는 조경 방식은 꼭 식물 패턴의 벽지를 붙여놓은 벽처럼 정갈하다. 그 벽들은 내가 그동안 경험하고 봐왔던 것 이상으로 도시 곳곳에서 공간 연출을 담당한다. 이런 경험들을 거치며 나는 '자연이냐 인간이냐' '영국식이냐 프랑스식이냐'의 논쟁에 스스로를 가두지 않게 되었다.

정원을 디자인할 때 가장 먼저 도면에 그리는 선은 정원의 경계다. 어디까지가 정원인지를 따져본 후에 곧바로 그 경계를 어떻게 처리할지 고민한다. 집만큼이나 개인적인 공간이 정원인지라 밖에서 내부 공간이 훤히 들여다보이지 않도록 그 경계를 세우는 방법이 기본 중의 기본이다. 바로 옆엔 옆집의 정원이 나란히 자리 잡고 있는 데다 크기가 한정된 런던의 정원에서는 '벽돌벽 쌓기'를 가장 기본적이고 보편적인 방법으로 삼는다. 벽은 두 집의 대지 경계를 중심으로 세워져 있고 그 높이는 대지의 규제에 따라 달라지긴 하지만 대체로 2미터 정도다. 옆집 정원에서 담장을 넘어 들여다보긴 어렵겠지만 옆집의 2층 창문으로는 충분히 가능하기 때문에, 사생활을 중요시하는 사람들은 벽돌벽 이외에 추가적인 요소를 고려한다.

이때 가장 인기 있는 방법 중 하나가 바로 '엮어 기른 나무 pleached tree'다. 나무들을 일정 간격으로 세우고 나뭇잎이 시작되는 높이부터 각목을 엮은 틀을 만들어 나뭇잎 부분을 네모진 아이스바 모양으로 자라도록 만든 조경수다. 첫 현장인 노팅힐 정원을 위해 식재를 주문할 때 바로 이 엮어 기른 나무를 선택했다. 원하는 높이와 울타리의 크기를 미리 정해야 하는데, 우린 2미터 담장 위로 가림막 역할을 해줄 나무가 필요했기 때문에 곧게 올라온 지하고가 2미터에, 네모난 머리 부분은 가로와 세로가 각각 1.8미터가량 되도록 요청했다. 원하는 나무의 이미지와 크기를 전달하면 농원에서 쓸 만한 예시를 보내준다.

작은 정원인 만큼 겨울에도 푸르름을 유지하고 싶어 수종은 상록의 나무를 알아봤다. 그래서 최종적으로 선택한 나무는 상록참나무Quercus Ilex다. 작은 잎이 꽤나 밀도 있게 자라기 때문에 외부의 시선을 차단하기엔 적격이었다. 만약 굳이 사계절 내내 푸를 필요는 없겠다면 겨울에도 낙엽의 잎으로 가지에 붙어 있는 유럽서어나무나 유럽너도밤나무도 좋은 선택지다. 개인적으로 가을의 색을 좋아하기 때문에 런던처럼 낙엽이 쉽사리 떨어지지 않는 환경이라면 겨울 정원에 갈색을 들이는 것도 그만의 매력이 있다.

정원의 경계와 프라이버시를 위해 이같이 나무나 생울타리를 사용한다면, 그늘이나 조형을 위해서는 '지붕형 나무roof trained tree, 일명 파라솔 나무'를 디자인 요소로 넣기도 한다. 별명에서 유추할 수 있듯, 이 나무는 우산을 편 것처럼 지붕 모양만 남은 나무다. 바로 앞서 이야기한 '엮어 기른 나무'에서 각목의 틀을 가로로 눕혀 키우면 이 나무가 된다. 나무의 수형 중에는 본래에도 머리가 동그랗게 자라면서 머리의 아랫부분이 비교적 평평한 우산형이 있긴 한데, 파라솔 나무는 정말이지 사출 공장에서 찍어낸 나무 모형을 옮겨놓은 것 같다. 이런 파라솔 나무는 시야를 많이 가리지 않으면서 적당한 그늘을 드리워서 정원 내 휴게 공간에 제격이다.

정원을 디자인하고 실제로 사람들이 공간을 사용하는 모습을 보면서, 인위적으로 수형이 잡힌 나무에 대한 거부감이 조금씩 사라졌다. 생각해보면 과수원이나 키친 정원에서는 오래전부터 나무의 수형을 잡아서 더 맛있고 많은 열매를 맺도록 했다. 그렇다면 정원의 나무라고 그렇게 못 할 법이 어디 있겠는가.

그 밖에도 인위적인 수형의 나무와 함께 정원의 조형적 요소를 담당하는 또 다른 식물은, 공이나 상자 혹은 구름 모양으로 다듬어진 낮은 키의 식물들, 토피어리topiary다. 한국의 아파트 단지 내 녹지에서는 보통 네모난 모양의 회양목을 볼 수 있는데, 사실 이런 식의 모양을 낼 수 있는 식물의 종류는 그 수를 다 세지 못할 정도로 다양하다. 동그랗고 각지게 다듬어진 이 식물들이 가장 빛을 발할 때는 자유롭고 흐드러지게 핀 식물과 함께일 때다. 단단함과 부드러움, 무거움과 가벼움, 규칙적인 리듬과 자유로움 사이에 발생하는 묘한 긴장감과 조화가 지루할 틈을 주지 않고 모두를 매료시킨다.

에밀리, 존과 함께 셋이서 얘기를 나눌 때면 어떤 형태로든 좋은 정원을 찾아다니자는 이야기를 자주 했다. 그런데 각자 넘쳐나는 일감에 더해, 잊을 만하면 돌아오는 공휴일, 그리고 각자의 휴가까지 정하다 보면 어느새 정원 답사의 날은 저 멀리로 밀려나곤 했다. 그러다 1년이 훌쩍 지난 어느 날, 다 같이 기차역에서 만나 아침 10시에 맨체스터로 떠나는 기차에 올랐다. 정원이 위치한 스토크온트렌트Stoke on Trent 마을까지는 기차로 한 시간 반가량 걸렸다. 근래 들어 가장 화창한 날이었다.

오늘 우리가 찾을 트렌텀 가든Trentham Gardens은 앞서 말한

왕립원예협회에서 운영하는 위즐리 정원의 유리온실 앞 정원(The Glasshouse Landscape)은 톰 스튜어트-스미스의 작업이다. 유럽너도밤나무 생울타리는 자유롭고 역동적인 화단에 대비되어 단단한 모양새로 공간의 구조체 역할을 한다. 특히 나뭇가지에 달린 채로 갈색으로 변한 월동엽(marcescent leaves)은 그라스와 꽃이 다 지고 난 겨울에 더욱 빛을 발한다.

'다듬어진 식물' 디자인의 정점에 있는 공간이라 할 수 있다. 그 동안 내가 품어온, 다듬어진 식물에 대한 생각이 거의 정리되어 갈 즈음에 찾아가는 것이기도 해서 기대가 컸다. 좋아하는 디자이너 한 명이 작업했다는 사실만으로도 기차에 몸을 실을 이유는 충분한데, 트렌텀 가든은 무려 세 명의 대가들이 작업한 곳이다. 영국 정원 디자이너의 거장인 톰 스튜어트-스미스Tom Stuart-Smith와 도전적이고 생태적인 디자인을 선보이는 나이절 더닛 Nigel Dunnett, 그리고 이젠 세계적으로 유명해진 피트 아우돌프 Piet Oudolf가 바로 그들이다. 런던에 와서 일한 지 1년이나 지난 시점에 방문한다는 게 통탄스러울 뿐이었다.

시냇물 위를 가로지르는 작은 나무 다리를 건너자 곧바로 그라스와 꽃으로 물결치는 아우돌프의 공간이 눈앞에 펼쳐졌다. 바람결에 몸을 맡겨 양옆으로 넘실거리는 꽃을 보면서 굽이굽이 그 공간을 지나면, 19세기에 디자인된 이탈리아 정원에 스튜어트-스미스와 아우돌프가 색을 입힌 마법 같은 공간이 나타난다.

멀리 보이는 대저택을 중심으로 양 끝쪽에 길게 이어진 띠화단엔 아우돌프의 식재가 바로 이전에 거쳐 온 물결과 비슷하면서도 다른 느낌으로 연출되어 있다. 입구 근처에 있던 식물들의 높이는 허리춤 정도로 낮았고 그 결은 바로 옆에 있는 호수의 잔잔한 물빛과 비슷하게 곱다. 반면에 이탈리아 정원의 화단엔 사람 키를 넘을 정도의 높은 그라스류와 초화류가 웅장한 저택에 지지

멀리 보이는 대저택을 중심으로 양 끝쪽에 길게 이어진 띠화단엔 아우돌프의 식재가 바로 이전에
거쳐온 물결과 비슷하면서도 다른 느낌으로 연출되어 있다.

않겠다는 양 부드러우면서도 당당한 모습으로 정원의 틀을 지키고 있다. 그 모습을 보면서 어쩌면 식물로 공간을 표현하는 것이, 물감을 이용해 그림을 그리고 악기로 음악을 작곡하는 것과 다를 바 없다는 생각도 들었다. 붓의 거칠기로 감정을 표현한다거나 악기의 소리에 따라 선율이 다르게 들리는 것처럼 말이다.

이탈리아 정원은 둥둥거리는 북소리와 함께 온갖 악기가 다 같이 연주하는 교향곡 같았다. 깔끔히 정리된 화단의 모서리와 평행하게 맞춰진 아주 낮은 회양목은, 도드라지진 않지만 이 공간 분위기가 붕 뜨지 않도록 차분하게 눌러주고 있었다. 정원 안쪽으로 좀 더 발길을 옮기면, 오래된 돌의 무게가 느껴지는 저택의 모습과 대조적으로 밝고 명랑한 색의 식물들이 흐드러졌다. 연둣빛의 연한 잎들과 연노랑 연보라의 파스텔톤 꽃들은 가벼운 구름같이 관람객들의 마음을 조금씩 뒤흔들고 있었다. 내 마음이 들뜨려는 찰나, 그와 동시에 짙은 녹색의 주목이 원기둥 모양으로 공간 전체에 균형을 맞춰주었고 옅은 녹색 공 형태의 주목은 살짝의 유쾌함을 더했다.

스튜어트-스미스의 초화류 식재 디자인은 가까이서 들여다보면 바로 옆에 있는 식물과 자연스레 조화를 이루었고, 멀리서 조망하면 드넓은 공간에서 느껴지는 균형감이 마음에 편안함을 가져다주었다. 분수 곁에는 넓게 퍼지는 그라스를 배치해서 분수의 물이 마치 정원까지 번지는 듯했다. 정원의 중심부엔 키가 큰 식물을 배치해 시야를 가려줌으로써 공간에 대한 기대감을 전했다. 가장 놀라웠던 점은, 기존 이탈리아 정원의 특징인 진하고 옅은 녹색의 잘 다듬어진 정원수들을 비롯해 다양한 녹색의 잎만으로도 정원 전체를 입체적이고 생동적으로 그려냈다는 점이다. 이처럼 교향곡을 듣는 듯한 공간은 단정히 다듬어진 식물과 자연스럽게 흐드러진 식물이 조화를 이루어 가능했을 것이다.

영국에서 경험한 조경은 철저히 인간을 위한 것이었고 식물은 인간을 위한 조경 공간을 꾸미기 위한 소재였다(사실 인간이 하는 일 중에 인간을 위하지 않은 것이 어딨겠느냐마는). 원하는 공간을 위해서라면 나뭇가지를 끌어오거나 전정해서 원하는 수형을 만들어낸다. 그렇기 때문에 농원에서는 표준화된 수형과 규모의 나무를 키워 공급하고, 이로써 디자이너는 원하는 나무를 다양하고 비교적 수월하게 구할 수 있었다. 이런 과정은 질 높은 디자인과 그에 따라 완성도 높게 시공된 공간, 그리고 더 나은 공간에서의 경험을 만들어낸다.

사실은 이러한 모든 과정과 결과가 자연과 소통을 위한 사람들의 소망을 표현한 것이다. 그리고 그 좋았던 경험을 통해 사람들은 도시 공간에 더 많은 정원과 공원이 필요함을 깨닫는다. 그리고 그렇게 생겨난 더 많은 녹지는 사람뿐 아니라 더 넓은 생태계에도 도움이 되고, 다양한 동식물의 서식지를 제공하며 생물

다양성을 증진시키는 역할을 한다. 우리 곁에 더욱 더 다양하고
풍부한 공간들이 만들어져야 할 이유가 여기에 있다.

내 뱃속 어딘가의 강낭콩:
플라워쇼

정원의 나라답게 영국엔 세계적인 정원박람회인 첼시 플라워쇼
가 있다. 1800년대에 처음 플라워쇼라는 개념의 전시회가 생기
기 시작했고, 지금의 런던 첼시에 자리 잡아 처음 쇼가 열린 게
1913년이니 무려 백 년이 넘는 역사를 품고 있는 셈이다. 게다
가 매년 오프닝 때 여왕이 방문하는 전통이 있어, 여왕을 보려고
길에 몰려드는 인파도 적지 않다. 한국에선 황지해 작가가 2011
년 〈해우소〉라는 작업으로 '장인 정원Artisan Garden' 부문에서 금
메달을 받았고, 연이어 다음해에 '전시 정원Show Garden' 부문에
서 〈침묵의 시간: DMZ 금지된 정원Quiet Time: DMZ Forbidden
Garden〉 작업으로 금메달을 받은 바 있다.

　처음으로 첼시 플라워쇼에 갔던 건 2017년 여름이었다. 영국
에서 지낸 지 6개월이 조금 지난 시점에 나는 큰 기대를 품고 간
그 쇼에서 실망만 안고 돌아왔다. 거의 모든 정원은 출입을 제한

했고 많은 사람들에 떠밀려 정원을 제대로 감상하지 못했다. 이 상기후로 뙤약볕의 무더위가 한몫했던 것 같기도 하다. 그래서 다음 해 쇼 기간엔 약간의 망설임도 없이 건축 비엔날레가 열리는 베니스로 떠났다. 다시 첼시 플라워쇼를 찾은 것은 2019년, 존 그리고 에밀리와 함께였다.

슬론스퀘어Sloan Square 지하철역에 내리자 플라워쇼를 찾아온 사람들로 역 앞이 이미 북적이고 있었다. 지도를 볼 것도 없이 앞선 사람들이 향하는 대로 따라가는 길엔 후원사 중 하나인 시드리프Seedlip에서 토닉워터와 논알콜 진이 담긴 작은병을 에코백에 넣어 나눠줬다. 햇살은 반짝였고 파란 하늘을 배경으로 흰 구름이 가볍게 흘러가는 평화로운 날씨였다. 전시회장에 들어서서 처음 향한 곳은 톰 스튜어트-스미스가 디자인한 왕립원예협회 브릿지워터 정원RHS Bridgewater Garden이다.

영국 왕립원예협회RHS, Royal Horticulture Society에서 2020년 새로 개장할 예정이던 정원을 모태로 삼아 작게 구현한 이 작품은, 다른 전시용 정원과 다르게 가운데로 난 작은 길을 걸을 수 있어서 사람들로 북적였다. 우리는 천천히 걸으며 식재 디자인으로 유명한 스튜어트-스미스의 작업을 꼼꼼히 살폈다. 혼자 갔으면 반도 몰랐을 식물을 존과 에밀리가 하나하나 가르쳐줬다. 어떤 패턴으로 식물을 배치했는지, 색 대비와 조화를 어떻게 사용했는지, 질감은 어떤지 등등 배울 게 넘쳐났다. 게다가 다른 전시용 정원과 다르게 그 시즌에 꽃이 피는 식물을 위주로 사용하지 않고, 다른 시즌에 개화하는 식물의 잎을 통해 그 재질감을 표현했다. 그래서 가만히 식물을 보고 있으면 여름이 지나 가을엔 어떤 모습일지 어렴풋이 떠올려볼 수 있었다.

첫 번째 정원을 둘러봤을 뿐인데, 이미 2년 전 첼시 플라워쇼에 대해 불평했던 내 자신이 부끄러워졌다. 눈앞에 펼쳐진 걸 보지 못한 건 내가 무지했기 때문이다. 그래도 다행인 건 이 부끄러움이 지난 2년간 내가 성장했다는 증거이기도 하다는 점이다. 그래서 이번엔 플라워쇼에서 나눠주는 팸플릿에 빼곡히 적힌 식재리스트를 찬찬히 살펴보았다. 모르는 식재는 각 정원별 안내원에게 물어보면 친절히 알려줬다. 신예 디자이너의 경우 직접 정원을 지키며 질문에 답해주기도 했다. 정원에 대한 관심과 연이은칭찬에 디자이너들의 얼굴은 뿌듯함으로 가득 찼다.

안내판이나 끈을 달아서 정원 출입을 제한해두었기에 대부분의 정원 내부는 한적하고 평화로워 보였다. 그 공간엔 말끔하게 빼입은 사람 몇몇이 한 손엔 와인을 들고 우아해 보이는 모습으로 정원 설명을 듣고 있었다. 반나절을 구경하는 티켓이 5만 원이 넘고 종일권은 10만 원에 육박하는 비싼 가격임에도, 일반인은 정원에 발을 들이지 못한다. 많은 이들의 부러운 시선을 한 몸에 받으며 여유롭게 정원을 즐길 수 있는 이들은 후원자들이다.

정원의 안내판에도 디자이너와 시공사 외에 후원자의 이름이나 로고가 같은 크기로 적혀 있다.

우리도 중간에 영국 여름의 대표적인 칵테일인 핌즈를 한잔씩 받아 들었다. 잔을 들고 파라솔 밑에 앉아 사람들을 구경하다 보니, 첼시 플라워쇼는 상류사회의 분위기가 가득한 곳임을 알 수 있었다. 우리 같은 정원 종사자보다는 가든파티에 온 듯한 분위기의 사람들이 더 많았다. 이럴 줄 알았으면 좀 더 잘 차려입고 올 걸 하는 후회도 들었다. 그 모습이 생경하게 느껴지는 동시에 너그럽게 받아들여졌던 건, 이 행사가 큰 사회의 네트워크를 축소해서 살아 움직이는 것 같았기 때문이다. 이렇게 성공적인 플라워쇼가 가능한 데엔 그만한 자본이 필요할 수밖에 없는데, 그 필요에 의해 정원의 영향력이 사회의 넓은 범위로 뻗쳐 나가고 있었다. 기업은 정원을 후원함으로써 환경과 자연을 생각하는 긍정적인 기업 이미지를 얻음과 동시에, 자신의 VIP 고객들에게 특별한 경험을 선사할 수 있다. 이 기회 덕택에 시공사와 디자이너는 새로운 식재나 기술을 사용해볼 수 있고, 또 자신의 디자인을 알릴 수 있는 특별한 기회를 얻게 됨은 물론이다.

베스 샤토의 『정원 일기』를 읽으며 간접적으로 알게 되었고, 에밀리와 첼시 플라워쇼 출품을 준비하며 더 직접적으로 와 닿았던 건 플라워쇼의 준비 기간이다. 쇼는 5월에 열리지만 출품 기한은 그 전년도 8월이라, 거의 1년 전부터 작품을 준비해야 한다. 게다가 작업이 선정된다고 해도 공사 비용을 지원해줄 후원자가 없으면 무용지물이니, 주최 측에서는 출품 전 후원자를 미리 찾아오는 것을 거의 필수로 여긴다. 이 때문에 출품작 선정과 관련한 일정은 의외로 융통성이 있는 편이고, 사람을 찾아다니고 연결점을 만들어야 하는 일이 디자인 작업 만큼이나 중요하게 여겨진다. 에밀리의 경우엔 〈다섯 계절: 피트 아우돌프의 정원Five Seasons: The Gardens of Piet Oudolf〉이라는 영화의 하이라이트 영상을 비춰주는 파빌리온을 디자인했고, 이 다큐의 감독인 톰과 서펜타인 갤러리Serpentine Galleries 관장 등 여러 사람들과 협업을 하며 후원자를 찾아 나섰다. 후원자를 찾기 위해, 오렌지색 가죽 의자가 매력적이었던 말리본Marylebone의 작은 영화관을 빌려 상영회를 열고 피트 아우돌프도 자리를 찾아주었지만, 아쉽게도 플라워쇼 출품은 무산되었다.

초여름에 첼시 플라워쇼가 있다면, 햇살의 색이 짙어지는 한여름엔 런던 서남쪽 외곽에서 햄튼코트 플라워쇼가 열린다. 첼시 플라워쇼의 분위기와 디자인이 다소 보수적이고 상류층의 분위기를 강조한다면, 햄튼코트 플라워쇼는 좀 더 자유롭고 실험적이다. 첼시 플라워쇼를 진토닉에 비유한다면, 햄튼코트 플라워쇼는 한여름 벌컥벌컥 마실 수 있는 맥주라 할 수 있다. 단순 비유가 아니라 실제로도 첼시에선 칵테일이나 와인을 파는 데 반해 햄튼코트에서는 큰 플라스틱 컵에 맥주를 내놓는다.

모든 정원을 자유롭게 입장하고 돌아다닐 수 있고, 정원 자체나 행사 장소 모두가 넓고 여유롭다. 후원자나 그에 연관된 사람보다도 가족 단위로 주말 나들이를 오거나 산책이나 피크닉 겸 놀러 온 사람이 대부분이다. 주인과 함께 나온 강아지가 신난 발걸음으로 정원 구석구석 향기를 맡으며 함께 즐기고 있었다. 아장아장 걸어다니는 아기와 강아지를 보니 그들의 시선으로 보는 정원은 어떤 모습일까 문득 궁금해졌다. 강아지를 좋아하는 나는 어느새부터 정신이 팔려 정원 구경보다 지나가는 강아지 구경에 더 신이 나곤 했다.

새로운 식재 구성과 기술을 선보인 신예 디자이너 이외에도 전년도2018에 별세한 베스 샤토를 오마주로 그의 유명한 자갈 정원을 작게 옮겨놓은 작업이 있었다. 밝은 회색 자갈이 깔린 정원 곳곳에는 햇빛보다도 쨍하게 선명한 색을 발하는 꽃들이 하늘하늘 흔들리고 있었다. 샛노란 산톨리나와 톱풀Achillea alpina 옆엔 보라색의 알리움과 에린기움Eryngium이 대비를 이루어 통통 튀는 동요 음색이 들려오는 것 같았다. 구름 한 점 없이 새파란 하늘을 배경으로 나비들은 이 꽃 저 꽃 다니며, 바쁘지만 우아하게 저들 나름대로 정원을 즐기고 있었다.

오전에 도착해 하루 종일 돌아다녔음에도 지치거나 지루하

그라스만으로 마음을 울리는 섬세한 식재 작업을 하는 피트 아우돌프의 작업은, 해가 높이 있을 때보다 햇빛이 비스듬히 들어올 때 식물들이 그 빛을 머금고 더욱 빛난다.

지 않았다. 세상 모든 사람이 각기 다르게 생긴 것처럼 쇼장의 정원도 하나하나 특색 있었다. 바로 전년도에 서울정원박람회를 치르고 힘들었던 마음에 다시는 쇼가든은 하지 않으리라 다짐했던 마음이 이내 사라지고, 좀 더 나은 전시를 선보이고 싶다는 욕심이 생겼다. 나는 기존에 생각지 못한 좋은 작업을 보면, 뱃속 내장 사이 어딘가로 강낭콩 같은 씨앗이 새로 심기는 것 같은 느낌이 든다. 이번 플라워쇼에서도 작은 씨앗을 하나 얻어 간다.

어느덧 머리 꼭대기에 있던 해가 기울면서 플라워쇼의 햇살이 오렌지색으로 물들어갔다. 문을 닫기 전 마지막으로 꼭 봐야할 곳을 향해 지도를 보고 길을 찾았다. 그라스만으로 마음을 울리는 섬세한 식재 작업을 하는 피트 아우돌프의 작업은, 해가 높이 있을 때보다 햇빛이 비스듬히 들어올 때 식물들이 그 빛을 머금고 더욱 빛난다. 같은 종류의 식물로도 한결 더 섬세하게 수놓아진 그의 작업을 볼 때면 식물을 향한 그의 사랑과 여리면서도 강한 그의 내면이 느껴진다.

그날 저녁 시간이 되어 전시회장을 나서는 마음은 풍성한 꽃다발을 품 안에 안고 나가는 것 같았다. 같이 속도를 맞추어 나가는 많은 사람들의 얼굴엔 환한 웃음이 가득하다. 입장할 땐 보이지 않았던 색색의 손수레가 행사장을 나가는 사람들을 따라 굴러가고 그 안엔 새로 산 식물 모종들이 타고 있다. 누구나 와서 편하게 즐기고 행복을 안고 나가는 그 모습이 보기 좋았다. 얼마나 다양하고 많은 이들이 편하게 문화를 즐길 수 있느냐가, 얼마나 멋지고 좋은 작업을 보여주느냐보다 중요하게 다가온 경험이었다.

평화의 충전:
피크닉과 딸기와 사람

여주의 시골땅에 정원을 가꾸는 모습을 담은 다큐멘터리 〈인생 정원 일흔둘, 여백의 뜻〉에서 전영애 교수서울대 독문과 명예교수는 정원을 만들고자 한 이유가 세상에 보답하고 나눠야겠다는 생각 때문이었다고 말한다. 그리고 우리 옛 서원을 언급하며 여럿이 함께 쓰는 공간을 만들고 싶다는 희망을 밝힌다. 대학 시절에 전통 조경을 공부할 때에도 누樓와 정樓을 합쳐 부르던 '누정원樓亭 苑'이라는 공간이 마을 공동체뿐 아니라 위아래 세대가 소통하는 사회적인 공간이었다고 배운 바 있다.

아파트에서 나고 자라긴 했지만, 단지 가운데 있는 정자가 어릴 땐 뛰어놀다 땀을 식히는 공간이었고 커서는 편히 걸터앉아 곁에서 함께 쉬고 있는 동네 주민분들과 인사를 나누는 정겨운 공간이었다는 걸 기억한다. 평소에 무심히 지나치던 정자가 정원 의 한 요소라고 넓혀 생각하니, 사실 내 삶이 정원과 그동안 더 가까이 있었던 건 아닐까 하는 생각도 들었다.

　사무실의 내 옆자리엔 같은 공간을 쓰는 건축회사의 로런스가 있었다. 어릴 적 홍콩에서 가족이 다 같이 이민을 와서 그 뒤로 쭉 영국에 살았다는 그는 다른 영국인들과 다를 바 없었지만, 그래도 같은 동양인이라는 것만으로 알게 모르게 친근감을 느꼈다. 그는 자전거를 타고 한 시간 정도 일찍 출근해서 회사에서 샤워를 했기 때문에 남들보다 조금 일찍 출근하는 내가 도착할 즈음엔 준비를 다 마치고 커피를 내려 마시고 있었다. 다른 이들이 출근하기 전 함께 커피를 마시며 이야기를 나누던 기억이 새삼스럽다.

　입사한 지 한 달이 좀 넘었을 때 로런스가 주말에 바비큐 파티를 할 건데 올 수 있느냐고 물었다. 그런 자리에 가본 적이 없었기 때문에 어떤 공간에서 하는 건지, 어떤 사람들이 오는 건지, 어떤 분위기일지, 게다가 나만 초대하는 건지 사무실 사람들을 다 초대하는 건지 궁금했다. 나의 질문에, 그는 자신의 친구들이 모여 편히 노는 자리이니 부담 가질 필요가 없다고 덧붙였다. 타지에서 회사에 다닌 지 얼마 안 된 나를 서슴없이 친구로 대해주는 동료가 생긴 것 같아 기쁘고 고마웠다.

　화창하고 볕이 쨍쨍한 7월의 주말, 시원한 맥주를 사 들고 로런스의 집을 찾았다. 그 집은 내가 생각한 것보다 회사에서 꽤나 먼 거리였다. 여기서 사무실로 매일 자전거로 출근한다니, 일찍 와서 샤워를 하는 이유가 다 있었다. 한 시간가량 힘차게 달리고 나면 땀이 비 오듯 할 게 분명했다. 집은 타운하우스 형태로, 현관이 있는 1층엔 거실과 부엌이 있고 2층과 3층엔 방이 있었다. 그리고 집의 거의 모든 공간을 거쳐 올라가자 다른 거주자들이 함께 쓸 수 있는 옥상 정원이 나왔다.

바비큐 그릴엔 어제 저녁부터 준비했다는 각종 야채와 닭고기 꼬치, 햄버거 패티가 구워지고 있었다. 다들 맥주병을 하나씩 들고 여기저기 흩어져서 얘기 중이었다. 처음 보는 얼굴들인 데다 이런 파티를 처음 와본 나는 아무리 한껏 자연스럽게 행동하려 노력해도 어색함이 배어났다. 다행히 로런스가 바쁘게 고기를 굽는 와중에 그의 친구들이 말을 걸어줘서 조금씩 긴장이 풀렸다.

옥상 정원은 심플한 플랜터가 몇 개 있는 소박한 공간이었고 그마저도 물을 제대로 주지 않아 식물 대부분이 말라 죽어 있었다. 조금은 어수선한 공간이었지만, 우리가 모여 서로를 알아가는 데는 전혀 부족함이 없었다. 바비큐와 음식도 로런스와 그의 하우스메이트인 동생이 지인들을 초대해 이야기 나누기 위한 구실 같은 것이었다. 사실 우리가 모일 공간과 사람들, 그뿐이면 되었다. 집처럼 너무 사적이진 않으면서, 그렇다고 불특정 다수가 드나드는 공간은 아닌, 한마디로 '반半사적인 공간'인 옥상은 식물을 심을 수 있고 바비큐도 할 수도 있어 조촐히 사람들을 불러

모으기 제격이다.

일을 시작한 첫해, 2018년 런던의 여름은 유난히 눈부시고 밝았다. 잔디밭이나 공원엔 많은 사람들이 해바라기인 양 하늘을 향해 널부러져 있었다. 그 때문인지 내 마음도 활짝 열렸다. 그해 여름에는 거의 매주 런던의 공원에서 피크닉을 했다. 그 첫 시작은 6월 중순쯤 열린 미드소마Midsommar였다. 미드소마는 해가 가장 긴 날을 기념해서 열리는 스웨덴의 여름 축제다. 첼시 피직 가든에서 자원봉사자로 함께 일했던 스웨덴 친구와 함께 하이드 파크로 향했다.

그날 하이드 파크에 들어서면서 이 드넓은 공원에서 어떻게 축제 장소를 찾을지 난감했는데 그런 염려도 잠시, 두 손 무겁게 꽃과 마실 것을 든 사람들이 줄지어 한쪽으로 향하고 있었다. 마치 저 앞에 피리 부는 사나이가 있는 것처럼 다 같이 뭔가를 따라가는 모습이었다. 그 무리를 따르다 보니 어디서부터 어디까지라고 경계를 말하기 어려운 드넓은 공간에 작게는 서너 명 많게는 열 명이 넘는 사람들이 둥그렇게 원을 이루며 피크닉을 즐기고 있었다.

이제 막 도착한 사람들은 생화로 화관을 만들어 머리 위에 올렸다. 우린 꽃을 준비하지 않았는데 옆에 앉은 무리들이 화관을 만드는 모습을 부러운 눈길로 보고 있으니 그들이 친절하게도 자신의 것들을 나눠주었다. 화창한 여름날, 머리엔 꽃을 쓰고 잔디에서 춤을 추고 게임을 하며 우린 다 같이 친구가 되었다.

　런던의 대표적인 공원인 하이드 파크 외에도 버킹엄 궁전 옆에 있는 그린 파크, 호수가 아름다운 세인트제임스 파크St. James' Park, 이스트 런더너들이 즐겨 찾는 빅토리아 파크, 그리고 언덕에서 내려다보는 풍경이 좋은 그리니치 파크Greenwich Park 등 매력적인 공원이 많다. 맑은 날이 이어졌던 그해 여름, 나는 주말마다 저 공원들을 돌아가며 피크닉을 즐겼다.

　다시 강조하지만, 피크닉의 준비물 중 필수 요소는 좋은 날씨다. 저 멀리 먹구름이 껴 있는 걸 보면서 마음 조마조마해한다면 진정한 피크닉이라 할 수 없다. 그런 하늘은 예외없이 가장 즐거운 순간을 기다렸다가 빗방울을 흩뿌려 후다닥 짐을 챙겨 뛰어나오게 만든다. 햇빛이 있는 곳이라면 어디서든 깔고 앉을 돗자리나 천, 그게 없으면 신문지만 있어도 그만이다. 한국이라면 온갖 배달음식으로 푸짐한 한 상을 차려 먹을 수도 있겠지만, 런던에서는 근처 슈퍼마켓에서 딸기나 청포도 같은 과일과 감자칩, 그리고 마실 걸 사 와서 조촐히 차린다.

　영국의 딸기는 열에 아홉 단맛이 거의 없이 아삭한 식감뿐이지만 그럼에도 공원을 갈 때면 잊지 않고 챙겼다. 푸른 잔디 위 딸기가 시각적으로 귀엽기도 하지만 잔디의 풀 냄새와 함께 섞이는 딸기 향이 나에겐 '피크닉'이라는 단어 그 자체였다. 왜 그 향기가 피크닉이란 단어로 내 뇌리에 박혀 있는가 생각해보니, 한국에서

피크닉에 좋은 날씨, 그것과 어울리는 상큼한 과일 같은 주전부리도 필요하지만, 아무래도 가장
중요한 건 함께하는 이들이다. 런던 공원의 잔디밭에서는 타인과 함께하는 시간을 온전히 즐길
수 있었다. 그 시간과 공기와 햇살을 공유한다는 것만으로도 충분했다.

는 이 조합을 쉽게 접하지 못했기 때문인 듯하다. 봄에 딸기가 나올 때쯤이면 한국의 잔디는 아직 새순이 다 올라오지 않아 그 색이 누렇다. 게다가 날씨도 쌀쌀해 딸기를 들고 나와 야외 잔디에서 편안히 뒹굴기엔 무리가 있다. 반면에 런던에서는 거의 사계절 내내 푸른 잔디가 있고, 어디서나 딸기를 구하는 것이 가능하다. 이에 더해 런던의 공원에선 치킨이나 라면 냄새 없이 풀 내음을 잔잔히 맡을 수 있기에 이런 호사를 누릴 수 있지 않을까 싶다.

견과류가 있다면, 공손하게 두 손 모아 다가오는 청설모도 심심치 않게 만날 수 있다. 어떤 녀석은 용감하게 내 발을 톡톡 두드리며 먹을 걸 요구하기도 한다. 영국에 온 지 얼마 안 됐을 땐 이런 청설모가 귀여워 가방 속에 꼭 견과류를 챙겨 다녔다. 남녀노소 할 것 없이 누구나 이들을 사랑스러워한다. 이제 막 걸음마를 뗀 어린애들도 고사리 같은 손으로 본인 간식을 나눠주곤 한다. 그러고 보면 공원에서는 그 어떤 연령대보다도 어린아이들이 눈에 많이 띈다. 웬만하면 뛰고 걷다 넘어져도 크게 다칠 일이 없으니 보호자 입장에서도 이보다 더 좋은 놀이터가 있을까.

사람들은 잔디에 앉으면 한결 부드러워진다. 이 효과는 애니멀 테라피, 즉 털인형을 만지거나 털이 있는 동물을 만짐으로써 심신을 안정시키는 것과 비슷한 맥락인 듯하다. 부드러운 잔디가 주는, 알게 모르게 마음이 차분해지고 기분이 좋아지는 마법이 있다. 어른들이 그렇게 마음의 평화를 충전하는 동안 아이들은 여기저기 뛰고 걸으며 풀과 나무, 나비와 새 등 공원의 모든 생명체에 호기심을 품고 다가간다. 어느 것 하나 똑같은 게 없는 공원의 생명체들을 보며 그들은 시간 가는 줄 모른다. 어쩌면 발바닥으로 땅의 에너지를 흡수하는 것 같다. 발을 구를 때 나오는 에너지로 전기를 만드는 '압전 발전기'가 공원에 깔려 있다면 공원 주변에선 전기 걱정은 없을 것 같다는 상상도 해보았다.

피크닉에 좋은 날씨, 그것과 어울리는 상큼한 과일 같은 주전부리도 필요하지만, 아무래도 가장 중요한 건 함께하는 이들이다. 뭐든 혼자 하는 걸 즐기는 사람이라 해도 피크닉마저 혼자 하는 건 어쩐지 쓸쓸해 보인다. 책 한 권 들고 나와 혼자 여유롭게 읽는 사람이 보여도 대부분의 경우 그들 옆에는 귀여운 강아지가 앉아 있곤 했다. 카페나 식당이 아닌 잔디밭에서 함께 보내는 시간은 굳이 대화가 이어지지 않더라도 어색함이 적다. 말수가 많지 않아 사람을 만날 때면 대화할 일을 걱정하곤 하는 나도 런던 공원의 잔디밭에서는 타인과 함께하는 시간을 온전히 즐길 수 있었다. 그 시간과 공기와 햇살을 공유한다는 것만으로도 충분했다.

사람의 감정을 이해하는 일:
스코그스키르코가르덴

7월 말의 어느 목요일. 이례적으로 온도가 높이 올라서 38도를 육박하는 날이었다. 지은 지 오래되지 않은 아파트인데도 런던의 집엔 에어컨이 있는 경우가 드물었다. 사무실은 에어컨이 없는 데 더해 천창까지 있어서 오늘 같은 날이면 사우나만큼이나 더울 것이 뻔했다. 마침 존도 외부 미팅이 있고 나도 디자인 작업만 있는지라 집에서 일하기로 했다. 그런데 북향의 집도 오후가 되니 더욱 더워져서 가만 앉아 있기만 해도 관자놀이로 땀이 흘러내렸다. 이대로는 아무것도 못 하겠다 싶어서 집 바로 앞에 있는 '루트 Route'라는 이름의 카페를 찾았다. 에어컨 바람이 지나는 곳에 자리를 잡고 노트북을 켰다.

아침에 일어나서 씻고 밥을 먹고 난 시간은 하루 중 나의 컨디션이 가장 좋은 때다. 평일에는 사무실로 출근한 직후인 한두 시간가량이겠고, 재택 근무 시에는 출근길에 쓰는 에너지를 아껴

서인지 오전 내내 집중도가 높다. 카페에서 노트북을 켜자마자 곧장 이메일을 읽고 오늘 해야 할 일을 살폈다. 이날의 업무는 랙스턴하우스Laxton House라는 프로젝트다. 전년도에 디자인하고 실시설계까지 마쳤는데 시공 견적이 너무 높게 나와 다시 디자인을 수정해야 했다. 이렇게 되어버리면 기운이 쭉 빠진다. 거의 모든 디자인 요소가 제외되고 가급적 기존 정원을 유지하는 이 협상안은, 그래도 프로젝트가 아예 엎어지는 것보단 공사를 하는 게 낫다는 소장의 판단 아래 진행되고 있었다. 8월 말에 공사를 시작한다고 해서 이제는 최종 공사 도면을 정리해서 넘겨야 하는데, 소장의 말처럼 '그냥 마스터플랜에 수치만 조금 손보고 세부사항들만 수정하면 될 일'이 아니다. 계획이 조금이라도 변경되면 모든 도면이 수정되어야 한다. 식재 도면, 배수, 조명, 관수 계획까지 모두.

힘 빠지는 일이지만 그래도 도면이니 대충 그릴 수는 없다. 이렇게 도면을 수정할 때면 뭐랄까, 남의 일을 대신해주는 마음으로, 애정을 덜어놓고 임해야 비교적 효율적으로 감정의 동요 없이 일할 수 있다. 고객의 입장이 마냥 이해되지 않는 것도 아니다. 건축은 잘 지어놓으면 집값으로 그 가치를 보상받을 수 있지만, 정원은 꾸준히 관리해줘야 하고 삶의 필수적 요소라기보다는 취향의 영역인지라 고민 없이 큰돈을 툭툭 던져놓기가 아무래도 쉽지 않을 것이다.

오늘따라 카페엔 나처럼 더위를 피해 일하러 온 사람들이 많아 보였다. 커피를 주문하며 모두들 비정상적으로 더워진 날씨에 대해 이야길 나눴다. 그래도 시원한 에어컨 바람 덕분에 사람들 표정은 이내 밝아졌다. 그렇게 카페에서 일하고 있자니 대학교 건축 수업 때 배운 '제3의 공간'이 떠올랐다. 사회학자 레이 올덴버그Ray Oldenburg는 집이 제1의 장소, 회사나 학교가 제2의 장소라면 그 외 우리가 일상에서 자유롭게 다른 사람들과 소통하는 공간을 제3의 공간이라고 했다. '소통' '교류' '사교' 같은 단어로 설명되는 이 공간이 예전에는 나처럼 혼자 카페를 찾는 이들에게도 적용된다고 생각하진 않았다. 그러나 이렇게 카페에 앉아 있자니, 누군가와 직접 소통하진 않더라도, 다른 이들의 삶을 바라보는 것만으로도 우리가 함께 이 세상을 살아가고 있다는 것을 깊이 느낄 수 있었다. 카페는 올덴버그가 말한 제3의 공간 역할을 충분히 해내는 중이었다.

물리적인 공간에 있지 않더라도, 꼭 그 장소에 가지 않더라도 영화나 드라마 혹은 책을 통해 우리는 간접 경험을 한다. 학교 다닐 땐, 뭐든 많이 보고 듣고 경험하라는 교수님들의 조언이 그저 '보는 눈을 키우기 위해서'인 줄 알았다. 그러나 졸업하고 나서 실무를 해보니 우리가 하는 일은 '디자인'에만 머무르지 않는다. 우리의 일은 고객을 상대하며 그들의 공간을 디자인해주는 '설계'인 것이다. 그러니 사람을 이해하는 것이 이 일의 중심에 있어야 한다. 그들과 소통해야 하고 그들의 입장에 서서 그 공간을 상상하는 것 또한 우리의 일이다.

조금은 자유로운 업무 공간, 퇴근 후 물리적인 혹은 디지털상의 제3의 공간에 머무를 수 있는 삶의 여유, 그리고 가끔은 다른 도시나 나라로 여행을 떠날 수 있는 삶의 조건은, 공간을 설계하는 사람들의 마음에 깊이를 더해준다. 그리고 이는 꼭 디자인 업종에만 국한되지 않는다. 여름은 많은 이들에게 이런 시간을 선사하는 계절이다. 여름이 되면 다들 휴가를 어디로 떠날지에 대해 이야기꽃을 피우고, 본래는 직장인들로 북적한 런던 거리가 한산해진다.

영국에 지내면서 좋았던 것 중 하나는, 가까운 주변 국가로 가는 여행이 부담스럽지 않고 마치 지방으로 주말 여행을 가는 느낌이라는 점이다. 두 시간 남짓한 비행으로 전혀 다른 느낌의 도시를 경험할 수 있는 건 유럽에 사는 큰 이점이다. 올여름에는 스톡홀름으로 며칠 다녀오기로 했다. 스톡홀름은 여름에도 날씨가 청량하고 도시 곳곳에서 디자인 가구와 문화 공간을 접할 수 있는 도시다. 그에 더해 예전부터 가고 싶던 국립묘지공원 스코그스키르코가르덴Skogskyrkogården이 있다. 발음하기조차 어려웠던 그곳에 가고 싶었던 건, 추모라는 감정과 콘셉트를 어떻게 공원이라는 공간에 녹였는지 몸소 경험해보고 싶었기 때문이다.

전철역에 내리니 여느 표지판과 다름없는 검은 바탕에 흰 테두리가 둘러진 표지판이 보였다. 유네스코 세계유산에 등재된 공간임에도 그 시작이 형행색색의 안내판으로 떠들썩하지 않고 차분했다. 인도는 분명 특별히 디자인되지 않은 별다를 것 없는 길임에도 나무가 만들어낸 터널의 바닥으로 나뭇잎에 반사되어 부서지는 빛조각이 아름다웠다. 어쩌면 이조차도 연출된 걸까 생각하며 빛 사이로 발걸음을 옮겼다. 십여 분을 걸으니 육중한 돌담이 나타났다. 그 돌담 사이로 난 입구를 향해 걸어가자 저 멀리 십자가의 윗부분이 얼핏 보였고, 입구에 다다르자 십자가의 모습이 온전히 드러났다. 마음속 묵직한 무언가가 차올랐다.

미세하게 경사진 오르막에 불규칙한 모양의 돌이 깔린 길을 걷자니, 돌의 크기 때문인지 경사 때문인지 나도 모르게 걸음이 느려졌다. 상실하고 절망했을 때 내 몸이 땅으로 빨려들어가는 듯한 느낌이 터벅터벅 걸어가는 발바닥으로 전해지는 것 같았다. 그렇게 십자가를 보며 무거운 발걸음을 옮기다 보면 좌측으로 배치된 장례식장 건물과 함께 오롯이 슬픔을 삼킬 수 있는 공간들이 곳곳이 배치되어 있었다. 땅과 하늘이 만나 공기를 공유하고 있는 듯한 공간엔 희미하게 종소리가 들렸고, 바닥으로 잎을 늘어뜨린 높은 나무가 바람에 흔들려 우는 소리는 사람들을 보듬어주는 듯했다.

장례식이 끝나고 관을 들어 무덤을 향해 걷는 길은, 하늘로

미세하게 경사진 오르막에 불규칙한 모양의 돌이 깔린 길을 걷자니, 돌의 크기 때문인지 경사 때문인지 나도 모르게 걸음이 느려졌다. 상실하고 절망했을 때 내 몸이 땅으로 빨려들어가는 듯한 느낌이 터벅터벅 걸어가는 발바닥으로 전해지는 것 같았다.

뻗어 있는 높은 나무 사이로 난 좁은 길이 망자를 배웅해주는 것 같았다. 그렇게 배웅을 끝내고 뒤를 돌아서면 저 멀리 언덕이 보인다. 그곳에서는 굿이라도 치르는 듯한 모습의 나무들이 저승으로 가는 혼을 달래주는 동시에 떠나보낸 자들에게 마음이 엉망진창이어도 괜찮다고, 얼마든지 슬퍼해도 된다고 위로해주고 있었다. 그 언덕을 올라 텅 빈 하늘을 바라보고 있자니 엉킨 마음이 풀리며 조금은 가벼워졌다.

간결한 요소로 만들어진 건축적 공간이 주는 고요함, 그리고 관람객을 이끄는 장면 장면은 처음으로 공간으로부터 위로받는 그 생경하고도 감동적인 경험을 할 수 있게 해주었다. 이 공간에 대해 그동안 수많은 사진과 글을 읽었지만 실제로 경험하며 느낀 바는 내 기대와 예상을 넘어섰다. 어쩌면 방금 전까지 내가 적은 몇 글자의 설명도 별 의미없는 종이 위의 끄적임일지 모르겠다.

여행지에 가면 새로운 안경을 쓴 것처럼 전과 다른 눈으로 도시를 바라보게 된다. 새로운 것이라면, 그것이 신호등이든 하수구의 맨홀 뚜껑이든 내게 영감을 주는 오브제로 변한다. 내가 사는 도시라면 사진 한 장 찍지 않을 버스나 지하철의 모습이 색다르게 다가오고, 화폐에 담긴 얼굴만으로도 흥미로운 이야기를 만들어낸다. 그렇게 도시를 가까이 들여다보며 알 수 있는 것들이 많지만, 기술이 발달하면서 어쩐지 최근의 여행은 속도가 빨라짐과 동시에 좀 더 피상적으로 변해버린 것 같기도 하다.

내가 경험한 스톡홀름은 참 조용했다. 목소리를 키워 말하는 사람을 본 적이 없어 절간 같기도 하고 거리도 한산했다. 대체로 평화로웠다. 그런데 전날 요기를 하러 잠시 들어갔던 에어비앤비 숙소에서 마침 점심식사를 하고 있는 집주인과 마주쳤을 때, 그는 조금 다른 이야기를 해주었다. 그는 아들에게 식스팩을 보여주기로 약속해서 닭가슴살만 먹고 있다고 했다. 그의 그릇엔 버터에 구운 듯한 윤기 나는 닭가슴살과 알이 굵은 쌀로 지은 밥, 그리고 약간의 샐러드가 담겨 있었다. 간결하면서도 단단한 식사처럼, 나는 그들의 삶도 그러할 것이라고 넘겨짚고 있었다. 그래서 스톡홀름이 어떠냐는 집주인의 질문에 나는 이곳이 런던에 비해 조용하고 평화롭다고 답했던 것 같다. 그러나 그는 전혀 아니라며 손사랫짓했다. 스웨덴의 다른 도시에 비해 스트레스가 많고 항상 바쁜 것이 이 도시 사람들이라면서 말이다. 비교의 대상이 달라서일 수도 있겠지만, 사람들의 삶은 제각기 다르고 모두가 각자의 사연을 가지고 살아간다는 사실을 잠시 간과하고 말았다.

그럼에도 불구하고 나는 여행을 통해 그 주인장의 삶을 단편이나마 들여다봤다. 거리를 오가는 사람들의 표정은 어떤지, 이들이 어떤 음식을 먹는지, 식사하는 모습은 어떤지를 잠깐이나마 볼 수 있었다. 이에 더해, 스코그스키르코가르덴에 다녀와선 공간과 감정이 엮여 있을 때 그 파장이 얼마나 크게 일 수 있는지,

사람의 감정을 이해하는 일이 공간을 디자인하는 데 얼마나 큰 힘으로 작용하는지 깨달았다.

여행은 나에게 분갈이 같다. 한곳에 오래 있어 더 이상 영양분을 빨아들이지 못할 때, 새 뿌리를 내리게 해주고 더 크게 생각할 수 있는 공간을 만들어주는 것이다.

너무 작은 정원은
없다

런던에 살면서 짧게는 3개월, 길게는 1년마다 이사를 다녔지만 그렇다고 나의 정원이 없었던 것은 아니다. 집 안에서는 화분을 키우고, 주말이면 동네의 정원을 내 집 정원인 것처럼 드나들었다. N1 가든센터, 올프레스 에스프레소 로스터리 앤 카페의 정원, 그리고 커뮤니티 정원지역주민이 함께 가꾸는 공공 정원인 달스턴 커브 가든까지, 어쩌면 개인 정원보다 더 풍성하게 정원 생활을 누리지 않았나 싶다. 그리고 내 방 테라스와 창가에는 언제나 물과 햇빛을 기다리는 화분들이 줄지어 있었다. 매일 아침이면 일어나자마자 화분에 물을 주고, 생각이 많아지는 날이면 분갈이를 해줬다. 흙을 만지면 신기하게도 그것이 나의 고민과 잡념을 흡수해 버린다는 걸, 정원 일을 하면서 알게 되었다.

런던에서는 아보카도를 즐겨 먹었는데, 매번 나오는 씨앗이 아까워 화분에 심기 시작했다. 아보카도 수요가 급격히 늘어 환경에 좋지 않다는 신문 기사를 읽지 않았다면, 아마 집의 거실은 아보카도 화분으로 가득 차지 않았을까 싶다. 아보카도 싹을 틔우는 방법은 간단하다. 먹고 나면 나오는 밤알 같은 씨앗을, 물에 적신 키친타올로 감싸준 다음 봉지에 넣고 한두 시간 부엌 찬장에 넣어둔다. 겉껍질이 충분히 불려지면 살살 벗겨낸다. 그럼 뽀얀 달걀 같은 씨앗이 나타난다. 씨앗에 이쑤시개를 콕콕 꽂아 물꽂이를 하거나, 지피펠렛Jiffy pellet, 압축배양토에 심어주고 뿌리가 나올 때까지 기다린다. 씨앗에 따라, 그리고 기온에 따라 다르겠지만, 기다리다 지칠 때쯤 어느 날 갑자기 씨앗이 갈라지면서 흰 뿌리가 쏘옥 하고 나온다. 뿌리가 나온 걸 확인하고 나면, 작은 화분에 흙을 채워 씨앗의 윗부분이 살짝 나오도록 심어준다. 이제 매일 아침 물 한 모금 정도를 주면, 씨앗의 윗부분이 갈라지면서 줄기와 잎이 차례로 나온다.

며칠 깜빡하고 물을 놓치면 잎의 끝부분이 어느새 갈색으로 말라버린다. 이때 눈치를 챘어야 하는데… 아보카도 나무가 얼마나 많은 물을 필요로 하는지 말이다. 그래서 여행을 갈 때면 항상 걱정이다. 3일 정도는 물을 아주 흠뻑 주고 그늘로 옮겨놓으면 되지만, 문제는 그보다 오래 집을 비울 때다. 조금 긴 여행을 떠날 때면 나 대신 이들을 돌봐줄 사람을 구할 수밖에 없다. 여기저기 주변 지인들에게 화분을 맡기고 휴가를 갔다 돌아오면, 어쩔 수 없이 죽어 있는 화분이 꼭 한두 개씩 있었다. 사실은 물만 잘

내 방 테라스와 창가에는 언제나 물과 햇빛을 기다리는 화분들이 줄지어 있었다. 매일 아침이면
일어나자마자 화분에 물을 주고, 생각이 많아지는 날이면 분갈이를 해줬다. 흙을 만지면 신기하
게도 그것이 나의 고민과 잡념을 흡수해버린다는 걸, 정원 일을 하면서 알게 되었다.

주면, 이보다 기르기 쉬운 식물이 없다. 물론 열매를 보려면 10년 이상이 걸린다지만, 기다란 줄기에 축 늘어져 걸려 있는 잎이 귀엽고, 햇빛이 비칠 때 선명히 드러나는 엽맥을 구경하고 있자면 아무 생각 없이 '멍을 때리기'에 알맞춤이다.

테라스엔 실외에서 키울 수 있는 라벤더와 로즈마리 등의 허브와 더불어 깻잎을 키웠다. 한국에서는 잘 먹지도 않던 것을 타국에 살게 되면 이렇게 애써 찾게 된다. 파리에 사는 지인에게 들깨 씨를 얻어다 화분에 심은 것이, 햇살이 좋아서인지 제법 풍성하게 자랐다. 하루는 친구들을 불러서 삼겹살과 비빔면을 깻잎에 싸 먹었는데, 그 첫 깻잎쌈을 입에 넣을 때의 감동을 아직도 잊을 수 없다.

아보카도와 깻잎 외에도 팔손이나 유칼립투스 등의 씨앗을 구해 발아시켜 키우기도 했다. 몬스테라Monstera deliciosa나 야자수 종류도 적적한 공간을 채워줬다. 신기하게도 화분은 계속 사들이는데도 항상 부족했다. 그래서 주말이면 종종, 집에서 걸어서 10분 거리에 있는 N1 가든센터N1 Garden Centre에 가서 화분을 한두 개씩 사 왔다. 동네에 하나씩 있는 가든센터는 꽃집보다는 크고 농원보다는 작은 규모로, 실내외 식물이며 화기花器까지 정원에 필요한 모든 것을 갖춘 곳이다. 영국에서는 정원 가꾸기가 삶의 중요한 부분이기 때문에 지역마다 식물, 정원 도구 등의 관런 제품을 판매하는 가든센터가 동네에 하나씩 있다. N1 가든센터도 우편번호가 이름인 걸 보면, 런던 곳곳에 얼마나 많은 가든센터가 있는지를 짐작할 수 있다. 사람들이 소통할 수 있도록 워크숍을 제공하기도 하는 이곳은 지역사회의 중요한 생활 공간으로 단순한 식물가게 이상의 의미를 가진다.

주말 아침, 일찍 일어나 아침을 먹고는 곧장 길을 나선다. 가든센터 가는 길은 대개는 햇살이 반짝반짝 빛이 난다. 아무래도 계획이 없는 한가로운 주말에 날씨가 좋으면 그 날씨가 아까워 밖으로 나가게 되는 것이다. 또 주말이면 가게나 슈퍼마켓이 늦게 문을 열어서, 이른 아침에 갈 곳으로는 여기가 제격이다. 가는 길에 마주치는 사람들은 벌써 식물 모종들을 하나둘 들고 집으로 향하고 있다. 가든센터 벽 앞 선반들에는 각종 허브가 늘어서 있다. 센터에 들어가기도 전에 허브 잎에 코를 박고 숨을 살짝 들이쉬어 그 잎의 향긋함을 음미하고 있으면 이 벽 너머로는 또 어떤 식물들이 기다리고 있을지 한껏 기대된다. 안으로 들어서면 실내용 식물이 여러 단에 층층이 자리하고 있다.

처음 갔을 때는 아는 식물보다 모르는 식물이 더 많았다. 아무래도 외부 정원에 쓰이는 식물들을 주로 다루다 보니 실내에서 키우는 식물 이름은 익숙하지 않았다. 그러다가 실내 프로젝트 하나를 맡은 뒤로는 거의 매주 가든센터로 가서 식물들을 살피며 공부했다. 유통되는 식물 가짓수는 한정되기 마련인데, 그런 와

중에도 정원마다 새로운 분위기를 조성하기 위해서는 식물에 대해 더욱 자세히 알아야 한다. 그렇게 해서 내 나름대로 실내 프로젝트를 진행할 때 빼놓지 않고 식물들을 골라 곳곳에 배치할 수 있었다. 필로덴드론Philodendron, 몬스테라, 극락조Paradisaeidae, 고무나무Ficus elastica 등은 특출나지는 않더라도 어디서든 자기 역할을 꿋꿋하게 해낸다. 이들 또한 종이 다양해서 원하는 형태에 맞는 종류를 잘 찾아내야 한다.

센터의 안쪽으로는 선인장과 다육식물같이 건조하고 더운 기후에서 자라는 식물들이 진열되어 있다. 회색으로 바랜 목재 진열대 위에 동글하고 뾰족한 식물들이 갈색 토분에 심겨 각기 다른 표정을 짓고 있다. 찔릴 것 같은 가시 너머로는 쨍한 햇빛이 비추어 이들에게 딱 맞는 환경을 만든다. 천장 아래로는 흙 없이도 자라는 틸란시아Tillandsia와 아래로 기다랗게 늘어진 립살리스Rhipsalis 같은 식물이 주렁주렁 매달려 있다. 아무래도 잎이 넓고 선이 많은 관엽식물보다 깔끔한 선을 갖고 있는 선인장이나 다육이가 이런 공중식물행잉식물의 자잘한 질감과 잘 어울린다. 인테리어 효과 면에서는 이런 식물들이 좋을 텐데, 식물을 관리하는 데서 재미를 느끼는 나는 아직까지 큰 흥미를 느끼진 못한다. 언젠가 이들을 좋아하게 되면 거실 천장이 가득 차버리는 게 아닐까 상상하기도 한다.

각종 채소와 꽃 씨앗들이 걸린 벽면을 지나 다시 입구의 계산

영국에서는 정원 가꾸기가 삶의 중요한 부분이기 때문에 지역마다 식물, 정원 도구 등의 관련 제품을 판매하는 가든센터가 동네에 하나씩 있다. N1 가든센터도 우편번호가 이름인 걸 보면, 런던 곳곳에 얼마나 많은 가든센터가 있는지를 짐작할 수 있다.

대 쪽으로 오면, 그 맞은편에 야외로 나갈 수 있는 문이 나 있다. 대망의 야외식물 공간이다. 어떤 때엔 야외 스피커로 들리는 웅장한 음악 덕분에, 그 자동문이 천천히 열리면서 영화 속 장면으로 한 발 내딛는 듯한 착각에 빠지기도 한다.

외부 공간은 크게 두 부분으로 나뉘어 있다. 천장이 반투명한 유리로 덮힌 온실 같은 공간과 담장 옆 야외 공간이다. 온실 입구쪽엔 내가 가장 좋아하는 진열대가 있는데, 바로 그 계절에 가장 예쁜 식물을 모아놓는 곳이다. 초여름이면 이삭꼬리풀Veronica spicata, 라벤더, 수국, 제라늄 등 옅은 보라색의 꽃들을 한데 모아놓은 모습이 한 다발의 큰 꽃다발 같다. 가을로 넘어가는 늦여름엔 루드베키아Rudbeckia fulgida, 국화Chrysanthemum morifolium, 에키나세아Echinacea purpurea 등의 진노랑색과 오렌지색이 저 멀리 다가오는 핼러윈과 함께 가을을 떠올리게 한다. 아름다운 런던의 크리스마스 시즌엔 스키미아Skimmia japonica 중에서 빨간 열매를 맺은 것과 꽃이 핀 것을 섞고, 수피가 빨간 말채나무와 붉게 단풍이 진 남천Nandina domestica을 중간중간 배치해서 포인트를 준다. 매번 찾을 때마다 식물은 새로운 모습을 하고, 모종마다 식물 이름표가 달려 있으니 이보다 더 좋은 공부방이 없다.

식물을 다 구경하고 마지막으로 안쪽 벽면에 있는 화분 코너로 간다. 오브제 효과를 주는 실내 화분은 유약이 칠해져 색이 다양하고 물구멍이 없는 경우가 많다. 다음엔 나도 색색의 화분을 사야지 다짐했다가도, 정작 화분이 필요할 때가 되면 번번이 야외에 있는 토분으로 손이 간다. 기본형 토분을 한두 개 집어들고는 계산대를 향해 걸어가는 길에는, 이제 한창 꽃을 피우고 조만간 수그러질 식물을 세일가에 판매하고 있다. 참새가 방앗간을 그냥 못 지나간다고, 계산대 가기 바로 직전 이곳에서 식물 한두 가지를 꼭 집어들고야 만다. 라벤더 꽃은 잘라서 적당히 말린 다음 용기에 담아 침대맡에 두고, 붉은색과 보라색이 오묘하게 섞인 수국은 그대로 자르고 말려서 겨우내 화병을 채워준다. 화분에서 그대로 마른 꽃도 참 보기 좋다.

언젠가 주택에 살며 정원이 생긴다면 정원 테이블에서 아침을 먹는 모습을 꿈꾼다. 공동주택에서는 발코니가 있으면 그나마 야외에서 아침을 먹을 수는 있지만, 밤이 지나고 난 아침의 흙과 풀 냄새, 그리고 새가 지저귀는 소리를 함께하긴 어렵다. 그래서 주말이면 노트북을 옆구리에 끼고는 아침을 먹으러 가는 곳이 있다. 올프레스 에스프레소 로스터리 앤 카페Allpress Espresso Roastery and Cafe는 런던에서 가장 맛있는 커피를 마실 수 있는 곳 중 하나인데, 거칠지만 정성스레 가꾸어진 정원을 바라보고 앉는 야외 자리는 맑은 날이나 비 오는 날이나 나의 고정석이 되었다. 두꺼운 나무 판자를 쌓아올린 화단엔 러시안세이지Perovskia atriplicifolia와 라벤더, 로즈마리 같은 허브와 결이 고운 그라스가 심겨 있고, 중앙 통로 양쪽으로는 큰 토분과 양철 화분에 올리브 나무와 계절별 초화류가 손님을 반겨준다. 어닝 아래 일렬로 놓인 벤치에 앉아 정원을 바라보고 있노라면, 담장 앞에 수형이 예쁜 유럽들단풍field maple, Acer campestre과 그 아래 동글동글 공처럼 전정된 눈주목Taxus cuspidata, 그리고 수국이 풍성하게 꽃을 피우고 있다. 겨울이 되어 나무의 잎이 다 떨어져도, 푸르게 남아있는 공들 사이로 마른 수국 꽃과 겨울꽃 헬레보루스가 머리를 내민다.

코코아 가루가 뿌려진 카푸치노와 에그 앤 솔저스Eggs & Soldiers를 시키고 노트북을 열어 일기를 쓰고 있으면, 어느새 주변에 강아지 친구들이 각자의 주인과 함께 자리 잡고 앉는다. 낯선 사람에게 말을 거는 건 익숙지 않지만 강아지라면 예외다. 본인의 강아지를 예뻐해주는 걸 좋아하지 않는 사람도 거의 없다. 바삭하게 구어진 포카치아와 함께 반숙으로 삶은 계란의 윗부분을 살짝 열어서 주는 에그 앤 솔저스는 이 카페에 올 때마다 매번 주문하는 메뉴다. 기다랗게 잘려 나온 빵을 계란 노른자에 연신 찍어 먹고 나면 어느새 카페 안팎은 사람들로 가득 찬다. 화단들 사이로는 어린아이들이 아장아장 걸어다니고, 따듯한 햇살 그리고 커피와 함께 모두가 평화로운 미소를 띠고 있다.

봄이 막 시작될 즈음이 되면 런던의 정원 일은 가장 바쁘다.

올프레스 에스프레소 로스터리 앤 카페는 런던에서 가장 맛있는 커피를 마실 수 있는 곳 중 하나다. 거칠지만 정성스레 가꾸어진 정원을 바라보고 앉는 야외 자리는 항상 인기가 있다.

여름을 위한 준비가 한창이기 때문인데, 런던의 여름은 다른 말이 필요 없이 그저 환상적이다. 이럴 때 여름만을 위한 아이템이 있다. 유행처럼 모두가 갖고 싶어 하는 아웃도어 키친이다. 바비큐 그릴은 기본이고, 피자 오븐, 와인 냉장고까지 모두 다 여름 파티를 위한 준비물이다. 모든 사람이 자신의 정원에서 피자를 구워 먹고 맥주를 마실 수 있다면 좋겠지만, 그럴 수 없을 땐 주민들이 힘을 모아 조성한 달스턴 커브 가든Dalston Curve Garden으로 향한다. 개인 정원이 딸린 단독주택 형태의 주거 형식보다 아파트 형태의 주거 형태가 많은 달스턴에 모두를 위한 정원이 필요하다는 의견에 따라, 버려진 철도가 있는 넓은 공터가 정원으로 탈바꿈했다. 조성한 지 10년이 채 안 된 이곳의 나무는 꽤나 훌륭하게 자라 풍성한 그늘을 만들어준다. 곳곳에 자리한 화단에는 각종 초화류와 채소가 자라고 있다. 화려하진 않지만 곳곳에 배치된 나무 널빤지 탁자와 통나무 의자는 항상 사람들로 북적북적하다.

여름에만 운영하는 야외 피자 오븐에서는 갓 구워내 뜨겁고 쫄깃한 피자가 만들어지고, 그 바로 옆 바에는 시원한 생맥주가 준비되어 있다. 찻길을 거쳐 큰 문 하나만 지나왔을 뿐인데 저 멀리 시골의 캠핑장에 들어선 느낌이다. 흥이 나는 노래, 바람에 나부끼는 나뭇잎, 지저귀는 새들의 소리 속에서 맥주를 마시고 있자면, 문득 정원 일을 하며 회사에서 받은 스트레스를 정원에서

푼다는 게 아이러니하게 느껴지기도 한다.

어쩌면 정원이라는 게 부유한 이들만 집 앞 마당에서 누릴 수 있는 특권이 아니라, 내가 즐거움을 느낄 수 있다면 그 어느 곳도 정원이 될 수 있는 것이 아닐까. 어린 시절을 추억해보면 가족 여행에서 길가에 핀 '사루비아' 꽃을 따서 꿀을 빨아 먹거나, 분꽃의 까만 열매를 반으로 잘라 그 안의 뽀얀 분을 손등에 비벼보고, 또 꽃이 핀 토끼풀을 잘라 손가락지를 만들던 기억이 그 어떤 일보다 진하고 향기롭게 남아 있다. 바이오필리아biophilla, 생명 사랑. 에드워드 윌슨의 책 제목이기도 하다라는 단어가 설명해주듯, 우리에게는 어느 형태로든 자연과 연결되고 싶은 본능이 숨어 있다. 도시마다 그 갈증을 채워주는 보석 같은 공간들이 더 많아지길 바라본다.

모두를 위한 정원:
위즐리 정원

런던에 머물면서 가장 먼저 방문했던 정원은 위즐리RHS Garden Wisley다. 마침 9월 초라 플라워쇼가 열리고 있어서 워킹 기차역부터 정원까지 무료 셔틀버스를 운영하고 있었다. 규모가 큰 정원들은 런던 시내와는 한참 떨어져 있기 때문에 기차를 타고 가서도 다시 버스나 택시로 갈아타야 한다. 그러다 보니 편한 셔틀버스의 존재 자체만으로도 위즐리 정원으로 향할 이유가 충분했다.

플라워쇼라고는 하지만 위즐리의 그것은 첼시나 햄튼코트의 것과는 결이 달랐다. 전시용 정원을 중심으로 구성되는 첼시나 햄튼코트와 달리 위즐리의 플라워쇼는 꽃 자체에 중점이 맞춰진다. 쇼는 대부분 농원에서 식물을 가지고 나와 품종을 자랑하는 자리였고, 천막으로 크게 지어진 실내 공간에서는 플로리스트들이 꽃꽂이 실력을 뽐내고 있었다. 그래서인지 정원이나 관련 분야 종사자들보다는 자신의 정원에 심을 꽃과 식물을 사러 온 동네 주민들이 많이 보였다.

당시로서는 처음으로 가본 큰 정원인 데다가 전시되어 있는 수십 종류의 장미Rosa hybrida, 알리움, 그라스 등 다종다양한 식물이 눈앞에 펼쳐지니 내 관심은 온통 식물들로만 향했다. 눈에 들어오는 식물과 그 아래 이름표를 사진 찍고 메모하며 부스를 하나하나 살폈다. 이 모든 식물을 다 알고 싶다는 욕심에 마음과 발걸음이 바빴다. 그렇게 여름날 정신없이 돌아다니다 보니 어느 순간 강렬한 햇살에 머리가 어질했다. 공부도 좋지만 그보다 우선 목을 축이고 쉴 곳이 필요했다.

입구에서 플라워쇼 팸플릿과 같이 받아 든 지도를 다시 펼쳐 들고 카페를 찾았다. 웅장한 온실을 거쳐 찾아간 카페에서 아이스 라테와 스콘을 받아들고는 야외 테이블에 자리 잡았다. 급한 불을 끄고 그제서야 여유가 생겨 주위를 둘러보니 거의 대부분이 백발의 어르신들이었다. 많은 이들이 의자에 지팡이를 걸치고 있었고 휠체어에 앉은 채로 차를 즐기는 어르신도 보였다. 이렇게 많은 할머니 할아버지를 한곳에서 본 경험이 거의 없었던지라 눈으로 본 광경을 머리로 이해하기까지는 시간이 조금 걸렸다.

어떻게 이곳은 그들의 놀이터가 될 수 있었던 것일까. 내가 그동안 즐겼던 정원과 공원엔 대부분 젊은 사람들이 가득했다. 인간의 평균 수명이 늘어나고 노인 인구가 증가하고 있다고는 하

지만 일상생활 어디에서도 백발이 대다수인 곳은 없었던 것 같다. 궁금증에 대한 답을 채 찾지 못하고 다시 정원을 둘러보러 나섰다. 그전까지는 식물만 눈에 들어오더니 이젠 노인분들이 눈에 들어왔다. 천천히 걸으며 식물에 대해 대화를 나누고 꽃들을 자세히 살펴보는 그들의 얼굴엔 행복이 듬뿍 묻어 있었다. 그들의 모습을 멀리서 바라보며 보조를 맞춰 걸었다. 그제서야 천천히 걷는 데서 오는 여유로움을 즐길 수 있었다. 정원에 감도는 부드럽고 감미로운 에너지도 함께.

저녁 전에 런던으로 돌아가기 위해 막차 시간에 늦지 않게 정원 입구로 향했다. 위즐리 정원의 셔틀버스 시간표는 워킹 역 기차 시간표에 맞춰진다. 기차 출발 25분 전에 정원을 출발해서 역에 도착하면 10~15분 정도의 여유를 갖고 기차에 탈 수 있다. 셔틀버스 시간이 다가올수록 버스의 대기 줄이 길어졌다. 지팡이를 짚은 할아버지도, 휠체어를 탄 할머니도 있었다. 도착한 버스의 뒷문엔 휠체어가 타기 용이하게 발판을 내어주는 장치가 있었고, 그렇게 버스에 타고 나면 휠체어 고정석이 따로 있었다. 버스에 오르고 안전장치를 하는 모습이 능숙하고 자연스러웠다.

그렇게 내 첫 영국 정원 방문에서는, 나무랄 데 없이 잘 가꿔진 정원의 온갖 현란한 식물보다 거동이 느린 사람들도 정원 산책을 온전히 즐길 수 있는 여건에 대한 궁금증이 더해졌다. 그 뒤로 정원을 방문할 때나 가고 오는 길에 기차와 지하철, 그리고 버스를 탈 때도 그 여건에 대해 곰곰이 생각해보게 됐다. 그 답은 의외로 런던에서 출퇴근하며 매일 아침저녁으로 만나는 풍경에서 찾을 수 있었다. 말하자면 단순했다. 모두가 평범한 일상을 평범하게 살아가는 것뿐이었고 그 일상을 서로 존중해주는 것이다.

운이 좋게 회사 가까이에 집을 구해서 날씨가 좋을 땐 30분가량을 걸었고 그마저 귀찮을 땐 버스를 탔다. 버스를 탄다고 시간을 많이 줄일 수 있는 건 아니었지만, 런던 비 특유의 사방에서 날아오는 빗방울을 피할 수 있었다. 어차피 버스가 빨리 달리길 기대한 것도 아니라, 버스가 얼마나 천천히 달리든 정류장에서 얼마 동안 서 있든 버스 안 승객들은 아무런 내색을 않는다. 출퇴근 시간의 버스라 평소 시간대보다 사람이 북적이는데, 그중엔 유모차를 끌고 올라타는 사람들도 꼭 한두 명씩 있다. 운전기사는 정류장마다 누가 타는지 확인하고 그중 유모차나 휠체어가 있으면 뒷문에 있는 발판을 내려준다. 혹여나 발판이 고장난다든지 운전기사가 승객을 못 볼 경우에는 뒷문 근처에 있던 사람들이 들어 올려주는 모습도 꽤 자주 볼 수 있었다.

이렇게 서로 도와주고 고마움을 표시하고 나면 곧바로 '새로고침' 버튼을 누른 것처럼 버스 안은 잔잔한 호수로 되돌아간다. 다만 그 호수의 온도가 조금은 더 따뜻해져서 사람들 사이사이에 있던 공기의 냉랭함이 수그러지고 자연스럽게 날씨에 대해 몇 마디가 오간다. 그럴 때면 버스 안 사람들이 '우리'가 되는 것 같은,

아주 옅지만 분명한 연대감이 느껴진다. '서비스견service dog'이
라는 문구가 적힌 조끼를 입은 강아지가 올라타면, 그 누구도 강
아지를 대놓고 쳐다본다거나 다가가지 않는다. 그보다는 누군가
주인에게 다가가 강아지에 대해 묻고 대화의 물꼬가 트이면 나머
지 사람들의 얼굴에도 살짝 미소가 지어진다. 비슷한 연령의 아
기를 태운 부모 둘이 만나는 날이면 어김없이 유모차 앞 대화가
시작되는데, 이야기에 빠져 내려야 할 곳을 지나쳐 내리면서도
못내 아쉬워하는 경우도 봤다. 만약 그 누구라도 본인이 이 버스
에 당당히 올라탈 권리가 없다고 느낀다면 이런 풍경을 볼 수 없
었을 것이다.

수잔 시마드Suzanne Simard 박사는 숲속의 식물들이 어떻게
서로 소통하고 도우며 살아가는지 밝히며 '엄마 나무mother tree'
의 존재에 대해 얘기한다. 엄마 나무는 숲에 살고 있는 많은 식물
과 연결되어 그들이 잘 살아갈 수 있도록 물질적으로 도울 뿐 아
니라 위협에 대비하는 등의 메시지도 전달한다. 시마드 박사는
햇빛과 영양분을 얻으려 서로 경쟁하는 듯 보이는 나무들이 사실
은 땅속 균류망fungal networks을 통해 서로 돕고 지혜를 나눈다
는 사실을 과학적으로 증명했다. 혼자서는 살아가기 힘든 어둡고
척박한 곳에 자라는 식물도 이를 통해 영양분을 얻어 살아나갈
수 있는 것이다.

나무들의 물질 교환 방식을 살펴보면, 그들은 이해에 따라 주고 받는 게 아니라 언제나 모두에게 닿아 있다. 그 이유에 대해서는 아직 정확하게 밝혀지지 않았지만 그들의 대화가 하나하나의 나무가 생존하기 위함이 아니라 숲이 모두 함께, 하나의 생태계로서 살아나가고자 함이라 생각한다. 그들은 보이지 않는 대화를 통해 공동체의 회복성과 탄력성을 높인다.

우리는 인간관계를 숫자로 환산된 물질적 교환의 시각으로 바라보고 심지어는 새로 태어난 생명까지도 '노동력'이라는 가격표를 붙이는 사회에 살고 있다. 그렇게 숫자로 가득 찬 일상에서, 숲의 나무들은 참된 대화가 무엇인지 일깨워준다. 정작 우리가 함께 더 나은 삶을 만들어가는 데 중요한 것은 숫자가 아니라 그 뒤에 가려진 온기, 애정, 존중을 나누는 일이라는 것이다. 자연은 언제나 우리에게 이러한 배움의 길을 열어둔다.

디자인 분야에선 유니버설 디자인Universal Design 혹은 모두를 위한 디자인Inclusive Design이라는 개념으로 개개인의 배경이나 사정에 상관없이 모두에게 이용 가능한 디자인을 내놓으려고 노력하는 움직임이 있다. 약자에게 좋은 디자인은 결국 모두에게 좋은 디자인이기 때문이다. 특히 공공 건축물에는 이미 이 같은 기준이 적용되어, 손잡이 없이 팔이나 몸으로 밀어서 열 수 있는 문을 둔다거나 복도의 폭을 넓히는 등의 디자인이 구현되어 있

천천히 걸으며 식물에 대해 대화를 나누고 꽃들을 자세히 살펴보는 그들의 얼굴엔 행복이 듬뿍 묻어 있었다. 그들의 모습을 멀리서 바라보며 보조를 맞춰 걸었다. 그제서야 천천히 걷는 데서 오는 여유로움을 즐길 수 있었다.

다. 조경계에서도 점점 그 중요성을 인식하고 모두를 위한 디자인을 하려는 추세다.

이런 발전에도 불구하고 사람들이 건물까지, 정원이나 공원까지 가지 못한다면 무슨 소용인가. 그들의 자유로움을 막아서는 것이 물리적 환경뿐 아니라 독이 든 시선이라면 더욱 안타깝다. 우리는 모두 손과 발로 기어다니다가 유모차에 타고, 운이 좋아 젊은 시절 동안 두 발로 서서 지내다가 나이가 들면 지팡이 같은 보조기구에 몸을 기댄다. 단순히 두 발로 걷는 것뿐 아니라 다른 신체의 기능과 움직임도 마찬가지다. 그런데 많은 사람들은 자신들이 세상의 전부인 양 굴고 본인의 건강이 영원할 거라 생각하는 것처럼 보인다.

이렇게 생각해보면 어떨까. 우린 모두 보험을 든다. 지금은 괜찮지만 언제 어디서 생길지 모르는 사고와 질병에 대비하여 매달 보험료를 낸다. 타인을 존중하는 마음을 갖기 힘들다면, 그 존중을 내 미래를 위한 보험이라고 생각해보자. 지금 다른 이를 향한 존중은 언젠가 내가 꼭 돌려받을 존중이다. 그렇게 생각한다면 복잡한 일상에서도 보험료를 낼 정도의 마음의 여유는 찾을 수 있을 것이다. 영국의 정원을 산책하며, 늙어서도 정원을 구경하고 공부할 수 있으면 좋겠다는 목표와 꿈이 생겼다. 나의 친절이 내가 그 꿈에 닿을 수 있게 해주기를.

두 번째 인터뷰:
이직

직장인이라면 끊임없이 하는 고민이 있다. '내가 지금 여기서 잘하고 있는 건가.' '지금 하는 일들이 내 지향과 맞는 걸까.' 이 고민을 제대로 풀기 위해선 우선 내가 가고자 하는 길을 아는 게 우선순위일 것이고, 그다음은 지금의 일을 통해 내가 얼마나 성장하는가를 알아야 한다. 문제는 이를 알아내기가 쉽지 않다는 점이다. "세상에 영원한 건 영원이라는 단어밖에 없다"고 말하는 오지은의 노랫말처럼, 내가 원하는 길과 가고자 하는 방향은 걷는 와중에도 시시각각 변한다. 그도 그럴 것이 매일이 처음 가는 길이고, 10미터를 지난 뒤로 눈앞에 뭐가 보일지는 그곳에 가봐야만 알 수 있기 때문이다.

런던에서는 애초에 합법적으로 일할 수 있는 2년의 기간이 정해져 있었고, 내가 입사했을 때에 존과 에밀리는 1년 후쯤 그들이 나를 제도적으로 지원해줄 수 있는지 다시 살펴보겠다고 이야기해준 바 있다. 그들의 스튜디오는 흔히 '작은 회사'라 불리는 곳들보다도 더 작은 규모의 사무소였다. 그곳에서 일하면서 나는 디자인의 과정 전반 그리고 존과 에밀리의 디자인 철학에 대해 그 누구보다 가까이서 보고 배울 수 있었다. 그뿐 아니라 1년 동안 영국의 정원 디자인 분야를 넓고 깊게 이해하게 됐다. 전에 비해 확장된 시야로 디자인 자체보다는 시공과 협업이 실질적으로 더욱 긴요하다는 걸 알게 된 후론 현장에 더 가까이 가고 싶어졌다. 그리고 그 1년의 시간 동안, 존과 에밀리는 각자의 회사를 합쳐 나에게 비자를 지원해줄 만한 규모와 재정을 갖추기보다 기존과 같이 각자의 영역에서 활약하는 게 맞다고 판단 내렸다.

목요일 아침, 셋이 회사 근처 카페에서 아침을 먹으며 앞으로의 나의 진로와 비자 지원에 대해 이야길 나눴다. 예상한 답변이라 크게 실망하진 않았지만 미래에 대한 불안감이 드는 건 어쩔 수 없었다. 동시에 나를 지지해준다는 진심이 담긴 그들의 태도에 조금이나마 위안을 받았다. 이제 내가 선택해야 했다. 익숙하고 편안한 환경에서 남은 1년을 더 보내고 한국으로 돌아갈지, 아니면 새로운 도전으로 영국에 남을 기회를 만들지… 사실 영국에서 일하는 생활이 좋기만 했다면 고민 없이 후자를 선택했을 테지만, 20대 후반에 시작한 타국 생활이 버겁게 느껴질 때도 있었기에 고민의 시간이 거듭됐다. 그러다 불쑥 '이런 고민은 기회를 잡고 나서 해도 늦지 않겠다'라는 생각이 들었다. 그러려면 우선은 더 많은 선택지를 만들어야 했다.

비자 지원을 맡아줄 회사를 찾는 과정에서 조경 디자이너 공고를 찾아 계속 지원했고 오래 지나지 않아 몇몇 이름 있는 회사에서 연락이 왔다. 처음 영국 취업을 준비할 땐 수십 군데 메일을 보내도 답장을 받은 곳이 다섯 손가락에 꼽을 정도였는데, 이렇게 달라진 경험을 하니 지난 1년간의 경험이 헛되지 않았다는 생각이 들었다.

해리스 버그 스튜디오Harris Bugg Studio에서는 꼭 일주일이 지나 메일이 왔다. 여러 전시회에서 수상한 경력이 있는 데다 얼마 전엔 RHS에서 새로 개장하는 큰 규모의 기획에 참여하면서 탄탄히 실력을 인정받고 있는 곳이었다. 이메일에선 목요일이나 금요일에 짧게 통화할 수 있는지 물었다. 난 목요일 저녁이 좋겠다고 답했고, 곧이어 시간 약속을 정하는 메일을 받았다. 목요일이라면 바로 다음 날이어서, 집으로 퇴근하자마자 저녁을 챙겨 먹기도 전에 그 회사에 대해 좀 더 살펴보았다. 그리고 다음 날 7시가 되자마자 '칼같이' 전화가 왔다. 대화 내용은 면접이라기보단 그 회사를 설명해주는 것이었다. 엑스터Exeter와 런던 두 군데에 사무실이 있고 소장 둘이 나눠서 일하는 곳이라면서 나에게 질문할 것이 있는지 물었다. 통화는 5분도 안 되어 끝이 났다.

며칠 뒤 정식 인터뷰 날짜를 정하자는 메일이 왔다. 그리고 얼마 지나지 않아 노팅힐에 있는 다른 회사에서도 인터뷰 요청이

왔다. 디자인과 유지, 관리, 시공까지 같이 하는 회사여서 규모가 좀 있어 보였다. 게다가 관리자급 경력자 채용이어서 프로젝트를 좀 더 책임감 있게 이끌 수 있겠다는 기대가 됐다. 존과 에밀리에게 양해를 구하고 휴가를 써서, 하루는 엑스터의 해리스 버그에 가서 인터뷰를 하고 그다음 주엔 노팅힐에 가서 하루 실습 면접을 하기로 했다.

엑스터로 가기로 한 날엔 아침 6시가 조금 지난 시간에 잠에서 깼다. 알람이 울리려면 한 시간 정도 남았지만 좀 더 여유롭게 준비를 하고 싶었다. 워털루 기차역에 도착해 열차칸 위치를 확인하고는 프랫Pret a Manger에서 따뜻한 라테와 크로아상을 사 왔다. 기차에 올라타 자리를 잡고 나니 곧바로 9시 20분, 열차가 출발했다. 잠을 푹 못 자서인지 요 며칠 계속된 두통 때문인지 여전히 정신이 멍했다. 커피를 반쯤 마시고는 창밖을 보며 곧 있을 면접에서 어떤 이야기에 중점을 둘지 머릿속으로 떠올려보았다.

우선, 그동안의 프로젝트에서 내가 맡았던 역할을 설명하는 게 중요했다. 포트폴리오에 적어둔 지금 회사에서의 작업은 두 건인데, 하나는 하노버로드 런던 정원으로 그 규모는 작지만 디자인부터 시공까지 전 과정을 맡았던 첫 번째 프로젝트다. 다른 하나는 런던에서 기차로 40분 정도 떨어진 외곽의 정원인 피카즈 우드Piccards Wood로 내가 맡은 일 중에서 가장 규모가 컸다. 이 두 건의 대략적인 내용을 머릿속에서 시연해보고는 이전에 뽑아놓은 포트폴리오를 한 장 한 장 넘기며 각각의 요점을 재차 확인했다. 그리 오래 걸리지는 않았다. 차창을 통해 바깥 풍경을 볼 여유도 생겼다. 전날은 기온이 38도까지 올랐지만 이날 차창에서는 뭉게뭉게 피어오른 예쁜 구름과 그 구름 아래에 선명히 모습을 드러낸 빛줄기들을 볼 수 있었다.

12시 40분, 기차가 역에 도착했다. 인터뷰는 1시였다. 생각보다 여유 부릴 시간이 없어 잰걸음으로 사무실로 향했다. 안내 공간이 있을 줄 알았는데 곧바로 6인용 탁자가 놓인 회의실로 안내받았고 그곳의 모니터에는 내 포트폴리오가 띄워져 있었다. 곧 담당자인 샬럿과 휴고가 들어와 빠른 속도로 사무실 전반을 설명해주고는 탁자에 앉았다. 엑스터에 주 사무실이 있고 현재 착수 중인 프로젝트는 열두 건 정도, 그중 지금 실제로 진행되고 있는 프로젝트는 대여섯 건이라고 했다. 현장의 규모는 런던의 가정집 정원부터 1에이커 4천 제곱미터가 넘는 대규모 정원까지 다양했다.

그러고는 내 포트폴리오 설명으로 넘어갔다. 아까 오는 길에 기차에서 생각했던 것들을 자신감을 담아 설명했다. 이건 나의 인터뷰 팁 중 하나인데, 내가 신이 나면 상대에게도 그 에너지가 전달된다. 실제로 내가 일했던 프로젝트를 설명할 때면 기분이 좋아지는데, 그에 더해 '신남'을 나 자신에게 주입하는 것이다.

두 가지 프로젝트를 설명하고는 나머지는 간략히 콘셉트 정도만 설명했다. 마지막으로 샬럿과 휴고는 스케치업 모델을 부분마다 자른 이미지를 보여주면서 세부 사항들을 그려보라며 빈 종이를 건넸다. 이런 단계가 있는지 몰라 약간 당황스러웠지만 그래도 어려운 작업은 아니었다. 샬럿과 휴고는 건축적 관점으로 정확하게 잘 그려냈다고 말하며 꽤 만족스러운 표정을 지었다. 그리고는 이상적으로 생각하는 회사의 문화라든지, 나에게 완벽한 하루는 어떤 날인지 등을 물었다. 꼭 맞춰 한 시간에 걸친 인터뷰였다.

그다음 주, 노팅힐에 있는 캐머런 가든즈Cameron Gardens에서 트라이얼 데이가 있었다. 인터뷰를 갖기도 전에 트라이얼 데이를 제안하는 건 흔치 않다. 전날 저녁 포트폴리오를 챙기고, 아이패드에 여권까지 준비해놓고 일찍 잠들었다. 다음 날 회사 건물에 도착하니 1층엔 온갖 식물과 자재가 즐비해, 디자인 사무소라기보단 시공회사 같았다. 사무실 매니저의 안내로 나선형 계단을 돌아 도착한 2층은 방금 지나 온 1층과는 확연히 달랐다. 바닥엔 인조잔디가 깔리고 곳곳에 내 키만 한 화분이 놓여 있어서 제법 디자인 사무실 느낌이 났다. 가장 안쪽으론 넓은 탁자가 자리한 회의 공간이 있었고 그 옆엔 유리로 둘러진 소장실이 있었다.

소장실에서 소장과 디자인팀장 앞에 앉아 인터뷰를 시작했다. 간략히 포트폴리오를 설명하고 질문에 대답하는 데는 오랜 시간이 걸리지 않았다. 대화를 주고받는 주기만으로도 이 사무실이 어떤 속도로 움직이고 있는지 감이 왔다. 그렇게 속전속결로 인터뷰를 끝내고는 바로 디자인 업무를 하나 줬다. 새로 맡은 프로젝트인데 사이트에 대한 설명을 간략하게 해주고는 손 스케치로 도면을 그려보라 했다. 휴가 간 다른 직원의 자리에 안내받은 뒤 트레이싱 종이를 기존 도면 위에 얹어 스케치를 시작했다. 주어진 시간이 길지 않았고, 고객이 원하는 방향이 명확해서 심플한 평면을 마커펜으로 쓱쓱 그리고는 소장과 팀장에게 설명했다. 만족스러운 반응을 얻고 나니 1차 테스트에 합격한 것 같았다. 그 뒤로 줄줄이 이어지는 3D 스케치업과 캐드 프로그램 테스트까지 마치고 정신을 차려보니 점심시간이었다.

　　겨우 반나절 같이 일했을 뿐인데, 벌써 이 회사에 다니고 있는, 아니 원래부터 이 회사에 다니고 있었던 듯한 느낌이 들었다. 그래서 트라이얼 데이를 마치고 집에 가는 지하철에선 조만간 입사 제안을 받으리라 거의 확신했다. 그런데 다음 날 온 메일에선 내 업무 능력을 칭찬하고는 혹시 다음 주 수요일 4시쯤 디자인팀 사람들 모두와 같이 맥주를 한잔하면 어떻겠느냐고 물었다. 당연히 입사 제안을 받는 내용일 줄 알았던 나는 김이 빠졌다. 지금 다니고 있는 회사를 자꾸 빠지는 게 마음에 걸려서 팀 회식 자리엔 가고 싶지 않다는 뉘앙스의 답장을 보냈다. 그랬더니 확실하게 이야기해주지 못해 미안하다며, 앞선 메일에서 제안한 팀 회식이 곧 두 번째 인터뷰라는 것이다. 그렇게 거절할 수 없는 두 번째 인터뷰를 승낙하고는 또 다시 마음은 무거워졌다.

약속한 날 늦은 오후 회사에 도착하니 지난번 한산했던 사무실과는 달리 휴가에서 돌아온 직원들 모두가 바쁘게 일하고 있었다. 펍에 가기 전 간단히 견적 뽑는 일을 해보자며 디자인팀이 아닌 수석 관리자 조지가 나를 불렀다. 30분 동안 간단히 엑셀 파일을 만들고 나자, 디자인팀장인 조가 마지막까지 업무에 매달린 직원들을 끌어내다시피 컴퓨터를 끄게 하고는 다 같이 펍으로 이끌었다. 사무실에서 한 블록 정도 걷자 'KPH'라는 검은 글씨가 쓰인 간판의 펍이 나타났다. 노팅헬스Notting Helles라는 이름의 맥주를 한잔씩 받아 들고 동그란 나무 탁자에 둘러 서서 대화를 시작했다. 여러 명이 나에게 관심을 집중해 질문 폭탄을 던지는 분위기가 아니라 천만다행이었다. 다들 친절하면서도 과하지 않게, 처음 온 나를 챙겨줬다. 그 분위기에 맞춰 나 또한 최선을 다해 장단을 맞췄다.

처음으로 두 번째 인터뷰 제안을 받고 펍에 가서 다 같이 맥주를 한잔하고 왔을 때만 해도, 이런 제안을 준 회사가 특이하다고 생각했다. 그러나 곱씹어 생각해보니 일만 잘하는 사람을 원하기보단 기존에 회사가 지향하는 문화와 맞는 사람을 원하는 건 이상한 일이 아니다. 시간이 지날수록 사람과의 관계에서 '틀린 사람'은 없지만 '나와 잘 맞고 잘 맞지 않는 사람'은 있다는 점에 고개가 끄덕여졌다. 무엇보다 관계가 중요하게 작용하는 조경 디자인/시공 분야에서 그들과 합이 맞는 사람을 찾는 게 회사 입장에선 더 중요했던 것이다.

영국에 계속 살아야 할지 한국행을 결정해야 할지의 고민을 지난 몇 달간 꾸준히 해왔다. 어느 한쪽으로라도 마음을 굳히면 그냥 쭉 밀어붙이면 되는 건데 그게 참 쉽지 않았다. 한국을 가고자 마음 먹으면 속 답답한 장면들이 목을 조이듯 떠올랐다. 영국에 있고자 마음을 먹으면 내가 무엇을 할 수 있을까라는 생각으로 머릿속이 진흙탕처럼 흐려졌다. 잠시 평온한 때에도, 진흙이 바닥에 가라앉아 있다가도 작은 돌멩이 하나라도 날아들면 어느새 가라앉아 있던 것들이 일어나 머릿속이 탁해졌다. 그렇게 끊임 없이 고민하는 와중에 노팅힐의 회사에서 최종 입사 제안을 받았다.

아직 새로운 사람을 뽑지 못한 존과 에밀리의 사무실에서 기존의 내 업무를 말끔히 정리하기 위해 어느 때보다 열심히 일했다. 그렇게 시간은 빠르게 흘러 벌써 첫 직장에서의 마지막 날이 되었다. 여느 날처럼 일찍 도착해 책상을 정리했다. 챙겨야 할 짐은 많지 않았다. 일하고 있는 도중 11시가 좀 넘었을 때 노팅힐의 회사에서 공식적인 서류를 보내왔다. 그 서류 안에는 52장짜리 직원 안내서employee handbook와 100장이 넘는 분량의 보건안전 안내서health and safety handbook가 있었다. 이 서류들을 보고 있자니, 큰 회사에 취업되었다는 게 실감이 나면서도 약간은 겁이 났다.

마지막 날 업무를 끝내고는 존과 에밀리를 비롯한 사무실 사람들과 함께 건물 맞은편에 있는 펍을 찾았다. 미켈러Mikkeller라는, 덴마크에서 온 유명한 맥주 브랜드 상점이 바로 회사 앞에 있었는데도, 퇴근하면 집에 가기 바빠 한 번도 찾질 못했다. 저녁 시간에 가면 줄을 서야 할 정도로 인기가 많다고 들었는데 우리가 일을 끝내고 간 5시에는 단 두 명의 손님밖에 없었다. 미켈러의 상징인 화난 건지 웃는 건지 모르겠는 얼굴이 그려진 맥주잔을 받아 들고 창가에 있는 바에 나란히 앉았다. 다음 회사와는 맥주가 시작이었는데, 지금 회사와는 맥주가 끝이구나 하는 생각에 슬쩍 웃음이 났다. 누가 펍의 나라가 아니랄까 봐.

맥주잔을 가운데 두고 허심탄회하게 이야기를 나눴다. 떠나는 자리이긴 했지만 진심으로 서로의 앞날을 살펴주고 지지해줬다. 지난 1년 너머의 시간이 짧다면 짧지만 이들은 그 누구보다도 함께 시간을 많이 보낸 사람들이었다. 대각선 맞은편 자리에 앉은 건축회사 소속 사이먼은 이제 아침에 누구랑 커피를 만들어 마시며 수다를 떠느냐며 아쉬워했다. 우리는 매일 소장들보다 일찍 출근했고, 그랬기에 아침에 한 시간가량은 둘이서만 일하는 경우가 잦았다. 같이 일하는 관계는 아니었지만 거의 한 팀의 구성원처럼 서로를 대변해주고 의지했다. 덩달아 아쉬워지는 마음을 비워지는 맥주잔으로 달랬다. 어느새 사람들로 북적해진 펍을 나왔을 땐 아직도 여름의 해가 밝았다.

런던의
크리스마스

낮에도 어둑어둑한 영국의 겨울에 적응될 때쯤인 11월 중순 런던 중심가엔 크리스마스 조명이 올라간다. 거리마다 각기 다른 모양의 수많은 조명이 빛나면서 그때부터 본격적인 크리스마스 시즌이 시작된다. 이때부터는 누가 먼저랄 것 없이 모든 안부 인사가 연말의 계획을 묻는 것으로 바뀐다. 한국은 크리스마스가 또 다른 발렌타인데이 정도라 별 계획 없이 집에 있어도 또 하나의 '빨간 날'로 지나가는데, 영국에서는 다르다. 1년 내내 크리스마스만 기다렸던 것처럼, 한 달도 더 전부터 온 거리와 상점은 그날을 주제로 상품을 진열하고 현관문에는 소나무나 유칼립투스 같은 녹색과 호랑가시나무 열매 같은 빨간색이 섞인 리스를 하나씩 달아놓아, 어디로 눈을 돌려도 온 세상이 크리스마스다.

자연사박물관 앞엔 조명을 휘감은 나무와 함께 아이스링크가 개장하고, 뱅쇼의 계피 향이 거리에 잔잔하게 퍼진다. 영국의 대표적인 인테리어 상품점인 더콘란샵The Conran Shop의 화려한 테마에 이끌린 사람들은 필요하지도 않은 연말 선물을 만지작거리게 된다. 그중에서도 내 생각에 가장 런던다우면서 크리스마스 주제가 가득한 곳은 홍차 전문 브랜드인 포트넘앤메이슨Fortnum & Mason 매장이다. 크리스마스가 아닐 때에도 발을 들이면 '찰리와 초콜릿 공장'에 온 어린애처럼 고개가 이리저리 돌아가느라 쉴 틈이 없는데, 연말 시즌을 맞아 작정하고 꾸민 공간은 어떻겠는가. 거리를 마주한 대형 창문 앞 진열대만 꾸미는 게 아니라, 건물 전체가 전시대가 된다. 매장 중앙의 나선형 계단은 솔잎과 그라스, 낙엽이 달린 가지로 꾸며놓아 통째로 크리스마스 트리가 된 듯하다. 각종 리스, 트리, 장식 그리고 조명과 함께 건물 입면엔 창문마다 숫자를 적어서 거대한 어드벤트 캘린더advent calender를 선보인다.

이 시즌이 되면 꽃시장과 가든센터 곳곳에 크리스마스 트리가 등장한다. 한국에서는 플라스틱 트리만 봐왔던 터라, 런던 도로 위에서 자동차 지붕 위에 매달린, 밑동이 잘린 '나무 트리'를 보았을 때엔 그저 생경하기만 했다. 연말이 지나고 마른 솔잎이 떨어지면 처치 곤란일 것 같은데, 그들에게 그런 나중의 일이 지금 대수겠는가. 꽃시장에선 트리 외에도 보랏빛과 붉은빛이 섞인 수국이라든지, 붉은 열매가 달린 낙상홍Ilex serrata, 포인세티아 Euphorbia pulcherrima 등 연말을 장식해줄 식물의 향연이 펼쳐진다. 이 가운데 내가 고른 것은 수국이다. 잘 말린 수국은 크리스마스 시즌부터 겨우내 집 분위기를 따뜻하게 해준다.

첫해 크리스마스에는 워낙 방학이 짧아서 런던에 있었다. 집에 돌아가지 못하는 유학생들이 모여 핫팟hotpot, 훠궈을 해 먹고 옹기종기 모여 회포를 풀었다. 고향과 멀리 떨어져 있다는 동질감 때문인지, 다 같이 모인 이들과 묘하게도 평소보다 더 진한 유대감 같은 게 느껴졌다. 나도 모르게 서글픔과 비슷한 감정을 품게 되는 듯도 했다. 각자 준비해 온 선물을 한데 모아 '뽑기'식으로 고르는 화이트 엘리펀트White Elephant 게임을 할 때는 '겨울의 금Winter's Gold'이라는 이름의 위스키를 받았다. 학교로 돌아가 기숙사 선반 위에 올려두고는, 겨우내 조금씩 따라 그 겨울의 향을 맡아보곤 했다.

회사를 다니면서는 12월 중순에 사무실 사람들과 다 같이 크리스마스 디너를 치렀다. 회식이라고는 점심에 다 같이 밥을 먹는 게 전부였는데, 첫 저녁 회식이었던 셈이다. 우리 사무실은 소규모 건축사무소와 공간을 같이 써서, 회식을 할 때면 모두가 참여하곤 했다. 다 같이라고 해봤자 여섯 명 정도로 오손도손 대화를 나눌 수 있는 규모이지만.

그날 업무는 점심 때까지 하고, 남은 시간 동안은 팝콘과 맥주를 곁들여 페차쿠차PechaKucha, 일명 칫챗chit-chat를 즐기기로 했다. 페차쿠차는 각자 20개 슬라이드를 20초씩 설명하는 발표

방식이다. 이날의 주제는 '집'이었다. 런던의 월셋집들은 대개 가구며 전자제품이 모두 포함되어 몸과 옷가지만 갖고 들어간다. 언제든 이사를 할 수 있는 환경이기에, 가끔은 이곳이 내 집이 아니라 남의 집에 얹혀 사는 것 같은 느낌을 받기도 한다. 그렇다면 무엇이 집을 집처럼 느껴지게 할까. 발표를 준비하면서, 어쩌면 내가 '집'이라고 느끼는 곳이 이 세상에 더 이상 없을 수도 있지 않을까 하는 두려운 마음도 들었다.

발표가 끝나고는 이른 4시쯤에 저녁을 먹으러 나섰다. 언제나 인기 레스토랑 정보에 환한 에밀리가 몇 주 전에 예약해놓은 곳을 찾았다. '로셸칸틴Rochelle Canteen, 칸틴은 구내식당이라는 뜻'이라는 얼핏 구내식당 같은 이름을 가진 이곳은, 학교 자전거 보관소 건물을 레스토랑으로 꾸민 곳이다. 간판도 제대로 달리지 않은 벽돌 담장을 지나 들어가자 학교 뒷마당 같은 공간이 나온다. 나즈막한 1층에 전면이 모두 폴딩도어로 된 식당은 바닥 전체를 따뜻한 불빛으로 은은하게 비추고 있었다. 샛길을 따라 식당 안으로 들어가니, 오래된 벽돌건물의 외관에서 떠올린 고풍스런 모습과는 달리 알바알토Alvar Alto 테이블과 얼콜Ercol 의자로 현대적이면서도 오래된 공간의 따스함이 느껴졌다.

식사량이 많지도 적지도 않은 편인데, 코스 요리를 먹을 때면 주 요리를 절반가량 먹고 났을 때 배가 이미 상당히 차버린다. 배는 부르지만 음식을 남기는 건 마음 한편이 찜찜해서 있는 힘껏

입을 오물거리고 있으니, 내가 애쓰는 게 보였는지 존은 다 먹지 않아도 된다고 배려의 말을 건넸다. 다들 점심도 제대로 안 먹던 사람들이 이렇게 많은 양의 음식을 쓱싹 해치우는 모습이 신기했다. 주 요리인 소고기찜을 다 먹고는 드디어 후식이 나오나 했는데, 한눈에 봐도 묵직한 블루 치즈와 두꺼운 크래커가 나왔다. 이렇게 두툼한 치즈를 디저트로 취급하는 데 놀라는 사이, 캐러멜 맛의 꾸덕한 푸딩케이크까지 더해졌다. 결국 후식은 한 입씩밖에 입을 대지 못하고 남은 와인만 홀짝이며 첫 크리스마스 디너를 보냈다.

크리스마스가 포함된 주부터 새해까지 2주간은 아예 사무실을 닫는다. 사실 일을 한다 해도 크게 소득이 없는 것이, 그 기간 동안 영국에 있는 그 누구도 일을 하지 않기 때문이다. 고객과 협력사 모두 쉬기 때문에 이메일을 보내도 '메리 크리스마스!'라는 자동 답장만 돌아올 뿐이다. 그래서 휴가 전 마지막 금요일 현장 작업에서는 오전 안으로 식물을 배치하고 일을 마치기로 했다. 평소 업무의 대부분은 식물을 직접 심는 일과는 거리가 있던 터라, 현장에서 직접 식물과 흙을 만지는 반나절이 내게는 선물 같았다. 각각의 모종을 자기 자리에 옮겨놓고, 중요한 식물들은 식재까지 한 뒤에 장비를 정리하고 마무리하는데, 존이 크리스마스 선물을 건넸다. 내가 진을 마시는지는 잘 모르겠다며 상자를 하나 건넸는데, 마침 내가 즐겨 마시는 핸드릭스Handricks 진이었

샛길을 따라 식당 안으로 들어가면, 오래된 벽돌건물의 외관에
서 떠올린 고풍스런 모습과는 달리 알바알토 테이블과 얼콜 의
자로 현대적이면서도 오래된 공간의 따스함이 느껴졌다.

다. 그해 겨울, 같이 일하는 이들의 이런 배려 덕분에 쓸쓸하지 않게 보낼 수 있었다.

1년 후 겨울, 어김없이 크리스마스 시즌이 찾아왔다. 새로 이직한 회사는 조경 디자인뿐 아니라 실내 조경 설치 작업도 많아 12월이 되었어도 눈코 뜰 새 없었다. 기존에는 식물을 대체해주고 관리하는 정도의 정기적 점검 작업을 했다면, 연말 시즌엔 크리스마스 트리를 포함해 연말 분위기가 나는 장식이나 식물로 새로운 공간을 연출해야 했다. 디자인팀이나 시공팀 모두가 평소보다 바쁜 하루하루를 보냈다. 그래도 연말의 2주 휴가가 기다리고 있었기에, 그리고 그 바쁜 시기에도 놓칠 수 없는 이벤트, 회사 동료 전체가 함께하는 크리스마스 회식이 있었기에 그 벅찬 일정을 감내할 수 있었다.

12월 둘째 주 금요일 아침엔 '오늘 하루, 우리는 크리스마스 회식을 치를 예정이어서 사무실에 없을 것'이라는 내용의 자동 회신을 설정해놓는 게 유일한 업무였다. 별다르게 해야 할 긴급한 일이 없다는 걸 확인하고는, 전 직원이 같이 방탈출 카페escape room로 향했다. 전날 이미 시공 직원과 사무실 직원을 적절히 섞은 팀 구성이 공지되어 있었다. 우리는 각 팀으로 나뉘어 각자 다른 방에 들어갔고, 탈출하는 순서대로 순위가 매겨졌다. 이렇게 같이 게임을 즐기면서 저녁식사 자리에서 함께 나눌 이야깃거리를 만들어나갔다.

그날의 만찬은 옆자리 사람과 함께 식탁 위에 놓인 크리스마스 크래커를 잡아당기는 걸로 시작됐다. 크리스마스 크래커는 커다란 사탕 모양으로 생긴 종이상자 끝을 두 사람이 잡아당겨, 더 긴쪽의 종이를 잡고 있는 사람이 선물을 가져가는 전통의 유희다.

그날의 만찬은 옆자리 사람과 함께 식탁 위에 놓인 크리스마스 크래커Christmas cracker를 잡아당기는 걸로 시작됐다. 크리스마스 크래커는 커다란 사탕 모양으로 생긴 종이상자 끝을 두 사람이 잡아당겨, 더 긴 쪽의 종이를 잡고 있는 사람이 선물을 가져가는 전통의 유희다. 한국의 '쌍쌍바'와 크게 다를 바 없는 방식이지만, 그 종이 안에는 얇은 판지로 된 왕관과 몇 번을 읽어도 이해하기 힘든 유머 쪽지가 동봉되어 있다. 각자 그 왕관을 머리에 쓰고 나면, 그제서야 와인잔을 부딪치며 "해피 크리스마스!"를 외친다. 디너의 메뉴는 일주일 전 미리 결정하는데, 비건이나 알레르기 있는 사람들을 세심히 신경 써서 정한다.

저녁 늦게까지 이어진 회식이 끝나고 다음 주 회사로 돌아왔을 땐, 이전보다 확연히 다른 온도의 공기가 느껴졌다. 전달 사항만 딱딱하게 전달하던 시공팀과도 이젠 서로 안부를 묻게 되고 프로젝트나 현장에 대해 더 세세하게 정보를 공유하게 된다. 매해 빠짐없이 술에 다 같이 취해 생겨나는 에피소드도 이때는 신나게 이야기할 수 있다. 평소에 회식을 좋아하진 않았지만, 이런 효과가 있는 회식이라면 좋지 아니한가라고 생각했다. 물론 이렇게 가까워졌다가 2주의 휴가를 보내고 돌아오면, 마치 긴 방학을 지난 뒤에 서먹해진 친구들처럼 어색한 느낌이 감돌긴 하지만 말이다.

새해가 시작되고 모두가 제자리로 돌아가면, 현란했던 거리의 조명 장식은 그사이 조용히 사라지고 마른 가지의 나무만 그 자리를 지키고 서 있다. 여전히 4시면 어두워지고 축축한 공기의 겨울은 끝이 안 보이는데, 연말의 그 설레는 공기가 사라진 이때가 나에겐 오히려 고향집이 사무치는 때다. 가슴 찌릿하게 춥지만 쨍한 햇빛을 볼 수 있는 한국의 겨울을 좋아하는데, 이곳의 겨울은 그리 춥지 않음에도 어쩐지 뼈가 저리는 듯하다. 이럴 때면 아돌프 로스의 말이 떠오른다. "너의 집은 네가 되어가고, 너는 너의 집과 하나가 될 것이다.Your home will become you, and you will become one with your home"(Adolf Loos, *Creating Your Home with Style*) 나와 함께 내가 되어갈 집은 어디 있는 걸까. 이런 생각에 골똘해질 즈음이면, 서서히 해가 길어지면서 꽃시장에는 노오란 꽃의 아카시아 딜바타Acacia dealbata가 봄을 알린다.

에필로그

매년 4월이면 빛나는 봄 한가운데에서 가슴이 먹먹해지는 하루가 있다. 영국에서 지내는 와중에도 그 먹먹함은 어김없이 찾아왔다. 자기 전 책을 읽는 습관이 영국에 와서는 신형철의 팟캐스트 〈문학 이야기〉를 듣는 걸로 대체되었는데, 즐겨 듣는 코너에서 은희경 작가가 이야기 손님으로 나와 '고독의 연대'라는 말을 언급했다. "고독한 사람들이 어떤 풍경을 이루고 있을 때, 그것은 고독의 연대가 된다."

이 얘기를 듣고 그 고독을 상실과 슬픔까지 확장해보았다. 기쁨을 함께 축하해주는 것은 쉬운 일이지만, 슬픔을 함께하고 위로하는 데 필요한 건 연대의 마음 아닐까. 위로를 위한 슬픔의 연대, 상실의 연대를 만들고 싶은 마음이 생겨났다.

마침 2017 서울정원박람회의 공모 주제가 "너, 나, 우리의 정원"이었다. 대상지가 내가 살던 여의도인 데다가, 선정작은 박람회 기간에만 볼 수 있는 것이 아니라 영구적으로 설치된다고 했다. 책상에만 앉아 있는 디자인 작업에서 생긴 갈증을 풀 수 있는 이 공모전을 놓치고 싶지 않았다. 학교 수업이 마무리되고 공모 마감까지는 열흘이 채 남지 않은 조건이었는데 무슨 생각으로 과감히 도전한 걸까. 출품하겠다고 마음먹은 건 의지가 불타던 4월의 나였고, 그렇게 벌여놓은 일은 5월의 내가 수습해야 했다. 밤을 새워 마무리해 마감 당일에 제출할 땐 하룻밤이 순식간에 지나갔는데, 애타는 마음으로 결과를 기다릴 땐 유난히 긴 여름날의 해처럼 시간이 느리게 흘렀다. 디자인 시안을 정할 때, 처음으로 건축이나 조경 분야 외의 친구들에게 조언을 구했던 기억이 새삼스럽다. 내가 볼 수 없는 다른 시선이 필요했던 것이다.

디자인 형태는 한국의 전통정원 양식 중 하나인 방지원도方池圓島를 재해석하며 구상했다. 신기하게도 외국에 나와 있을수록 '우리 것'이 더 생각난다. 아무래도 우리와 다른 부분들을 접하게 되면 차이점을 발견하고 비교하게 되는데, 그러다 보면 우리 것이 더 그리워지고 가치를 재발견하게 되나 보다. 건축학과 첫 학기 답사 때 부석사에 갔다가 그 공간에 매료된 이후로는 머리가 복잡해질 때면 산속의 절이나 궁을 찾아다녔다. 세련되고 멋들어진 디자인을 볼 때 아드레날린이 솟아오르는 짜릿함을 느끼는 것과 달리, 화려하지 않게 조용히 빛을 내는 공간에 있노라면 복잡한 생각 없이 머리가 맑아지는 느낌이 좋았다. 무언가를 꾸미고 보여주기보다, 조화를 꾀하고 시적인 의미를 담아내는 게 우리네 정원이다. 방지원도는 땅과 하늘의 조화를 담아낸 양식으로, 네모난 연못은 땅을 상징하고 그 안의 둥근 섬은 하늘을 상징하고 있다. 그 안에 음양오행의 조화뿐 아니라 도가와 신선 사상의 가치를 담아 자연과 우주와의 조화를 중시하고 이를 집약적으로 표현한다.

네모난 바닥 포장과 둥그런 의자 구조물로 방지원도의 연못과 섬을 표현하고, 그에 더해 위요감을 줄 수 있는 벽 구조물을 디자인했다. 벽을 단일한 재질의 덩어리가 아니라 가벼운 아크릴판들을 고리로 매달아 연결해 찰랑찰랑 흔들리게 만들었는데, 이는 앞서 말한 연대를 염두에 두었기 때문이다. 혼자서는 서 있지 못하는 작은 것들이 모여 큰 벽을 이루고, 그 벽으로 인해 따스한 공간감을 가졌으면 하는 바람이었다. 바람에 흔들리며 작디작은 빛들을 반사해주는 불투명한 아크릴판 뒤로 식물의 그림자를 감상하는 것도 또 다른 즐거움일 것이다.

2차 발표가 나고 전시회 발표 자격을 얻고 나자 마음이 바빠졌다. 일정상 공사 시작 일주일 전에야 한국에 갈 수 있었던 터라, 업체에 연락하고 예산과 일정을 짜는 일 등을 모두 런던에서 해내야 했다. 시차 때문에 매일 새벽 일찍 일어나 여기저기 연락을 하고 계획을 수행해나갔다. 처음 하는 정원 시공이라 그저 눈

2017 서울정원박람회에 제출한 작품 〈You and Me and Everyone〉의 아이소메트릭 이미지. 한국의 전통정원 양식 중 하나인 방지원도를 재해석했다. 바깥쪽 공간은 초가을에 볼 수 있는 꽃들을 한데 모아 잔잔하면서도 화려한 색채를 보여주었고, 그에 반해 벽 안쪽은 과감하게 색을 없애 무채색이나 진한 갈색류의 식물로 식재를 구성했다.

앞이 캄캄했는데, 주변 사람들의 도움 덕분에 천천히 밝아져갔다. 귀국 후 제일 먼저, 영국에서 사 온 비스킷과 잘 부탁드린다고 적은 엽서를 들고 찾아간 곳은 시공회사 사무실이었다. 정말 작은 규모에 예산도 얼마 안 되는 공사를 함께해주시는 것에 감사했다. 구조물을 제작해줄 콘크리트 업체 또한 찾아가 마지막으로 색상을 확정 짓고, 아크릴판을 매달아놓을 부속품을 사려고 동대문시장도 찾았다. 그 밖에도 틈이 나면 농원을 찾아 어떤 식물이 가능한지 알아보러 다녔다.

영국에서부터 농원 카탈로그와 웹사이트를 뒤져가며 식물을 찾아보았지만, 아무래도 한국에서 조경 실무를 경험해보지 않은 내가 식재를 계획하기에 벅찬 느낌이 들었다. 뭐든 가장 좋은 방법은 전문가에게 조언을 구하는 것이라 생각한 끝에 무작정 김장훈 정원사에게 연락했다. 일면식 하나 없는 이에게 당신의 글을 잘 보고 있고, 가든쇼에 나가는 디자이너인데 식재 관련하여 도움을 구하고 싶다며 글을 남겼다. 다행히 오래 지나지 않아 답이 왔다. 언제라도 찾아오라는 따뜻한 말씀이었다. 내가 영국에 거주하고 있다고 말씀드리자, 겨울 정원에 대한 글을 집필하고 있는데 한국에서는 구할 수 없는 중고서적을 좀 부탁해도 되느냐고 물으셨다. 종이가 누렇게 바랜 영어책 두 권을 고이 들고 한국에 와서 정원사님을 찾아뵈었다. 차를 한잔 나누며 식재 콘셉트와 한국에서 구할 수 있는 식물을 추천받았다. 든든한 지원군이 생긴 것처럼 마음이 벅찼다.

식재는 입구 쪽 바깥 공간과 벽 안쪽 공간으로 나누어 계획해 보았다. 바깥쪽 공간은 여의도 공원의 산책길 바로 옆이라, 농익은 가을의 화려함을 맘껏 즐길 수 있는 꽃다발 같은 식물을 골랐다. 초가을에 볼 수 있는 꽃들을 한데 모아 잔잔하면서도 화려한 색채를 보여주고 싶었다. 그에 반해 벽 안쪽으로는 과감하게 색을 다 없앴다. 차분한 흑백의 공간을 만들기 위해 바닥 재료, 구조물, 그리고 식재까지 무채색이나 진한 갈색류의 식물만 쓰기로 했다. 진한 주황색 꽃잎은 다 떨어지고 갈색의 관상화만 남은 헬레니움Helenium을 사용하기도 했다. 개화 시기가 지나버린 꽃이 오히려 나에겐 요긴하게 쓰였다.

대상지의 흙을 모두 10센티미터가량 덜어내는 터파기를 시작으로 공사가 시작되었다. 아크릴판을 매달 철제 구조물과 의자 구조물을 제일 먼저 설치했다. 그 위로 바닥 포장을 덮어주는 과정은 생각보다 빨리 끝났다. 바닥 포장으로 내부와 외부 경계를 주고자 해서 두 가지 다른 재료를 썼다. 내부엔 옅은 회색으로 차분한 분위기를 내면서 거친 쇄석을 깔아 걸을 때에 자그락자그락 소리가 나게 했다. 외부는 전통 조경에서 쓰이는 마사토로 포장했는데, 이는 내가 생각하기에 가장 '자연스러운' 포장이었다(1년 후 이 포장은 공원관리소 측에서 다른 포장으로 보수했다). 하드 랜드스케이프hard landscape라 흔히 말하는 바닥재나 구조물 같은 요소의 작업이 마무리되고 이제 나의 노동이 필요한 부드러운 작업이 남았다.

천 장이 넘는 아크릴판에 고리를 넣어 와이어에 달고 고무링을 이용해 고정시키는 일은 생각보다 진도가 빨리 나가지 않았다. 영국에서 상상했을 땐 시민들이 같이 고리를 달면서 완성해가는 참여적인 과정을 이끌어내고 싶었지만, 이를 완전히 실현시키지는 못하고 주변 사람들의 힘을 빌렸다. 그리고 영국에서는 손으로도 설렁설렁 심을 수 있었던 식물이, 여의도의 단단한 돌바닥에서는 고단한 삽질을 해야 겨우겨우 심어나갈 수 있었다. 이렇게 모종을 나르고 심고 흙을 정리하고 저녁에 해가 지고 나서야 집에 오면 온몸이 쑤시지 않은 곳이 없었는데, 신기하게도 최근 몇 년 중 가장 잠을 잘 잤던 시기가 이때다. 불안했던 마음이나 잡생각이 깨끗이 사라졌다. 정원이 웰빙과 정신건강에 도움이 된다는 논문의 집필을 막 마친 시점에, 내가 이를 실제로 경험해보니 직접 몸으로 느낀 그 개운함이 참으로 값졌다.

작업을 하는 도중에는 다른 디자이너의 작업을 어깨너머로 보면서 자연스레 보는 눈높이가 올라가, 내 작업의 아쉬움이 눈에 들어오기 시작했다. 그러나 그 아쉬움으로 눈을 가리고 싶진 않았다. 이것 또한 내가 점점 성장하고 있다는 증거였다. 첫 술에 배부르리라 기대하는 건 염치 없는 마음 아닌가.

많은 사람들의 도움으로 무사히 작업을 마치고 전시 첫날 감사하게도 특별상과 은상을 수상했다. 상 자체에 큰 의미를 둔 작업은 아니었지만, 방문객들이 뽑아준 특별상은 내 의도가 그들에게 전해진 것 같아 특히나 기뻤다. 같은 날이라도 빛에 따라 아침저녁으로 달라지는 정원의 모습을 발견하는 재미로 전시 기간이 끝나서도 시간 나는 대로 정원에 들렀다.

다시 영국에 돌아갔다가 연말에 다시 한국에 온 지 딱 일주일이 지난 1월 1일, 나에게 가장 소중했던 존재인 강아지 벼리가 하늘나라로 떠났다. 세상의 이치대로 흘러간 거고 오래전부터 마음의 준비를 했음에도 불구하고, 그 마음을 추스르는 데는 꽤 한참의 시간이 필요했다. 영겁 같던 겨울이 끝나고 내 마음과 함께 부드러워진 흙내음이 나던 어느 봄날 다시 정원을 찾았다. 부처님 머리같이 동글동글 귀여운 꽃을 피우는 불두화와 별 모양을 새긴 아크릴판을 준비했다. 이제 이 정원은 나의 슬픔이 담긴 공간이기도 하다. 그 뒤로 벼리가 그리워질 때마다 정원을 찾았다. 잘 자라고 있는 불두화를 보는 것만으로 출렁이던 마음이 한결 차분해졌다.

우리는 다른 이들의 슬픔을 알지 못한다. 슬픔은 저마다 다른 무게와 다른 온도를 갖는다. 그럼에도 불구하고 슬픔과 상실을 겪은 이들이 정원이라는 공간에서 다른 사람들과 함께 풍경을 이루었으면, 그 속에서 위로를 받았으면 하는 바람이다.

후기

어릴 적부터 글쓰는 데엔 영 재능이 없었다. 말과 그 말을 적어내려가는 글은 우리가 표현하는 수단 중 가장 직접적인 동시에 오해하기 쉬운 것이기도 하다. 아 다르고 어 다른 것만큼 미묘하고도 억울한 게 어딨냔 말이다. 그랬었지만, 영국에서 지내며 서투른 타국어에 원래도 없던 말수가 더 줄어들면서 어디에라도 털어놓을 숨구멍이 필요했다. 그래서 주말이면 일주일간의 시간과 생각을 정리하는 일기를 썼다.

　그렇게 4년 남짓 적어온 이야기를, 외로웠지만 찬란했던 시간들을 나누고자 마음먹었던 계기는 2020년 코로나 팬데믹이었다. 사회의 낮은 곳에 있는 사람들이 더 큰 피해를 입고 힘든 시간을 보내는 동안, 런던의 정원 디자인 업계는 오히려 호황이었다. 재택근무로 집에 머무는 시간이 길어지니, 그동안 방치하거나 홀대하던 정원을 더 나은 공간으로 만들고자 하는 사람들로 넘쳐난

것이다. 물론 이들은 정원 있는 집을 가진 사람들이다.

　원래도 극명했던 차이가 이런 위기 상황에서 더 두드러지니, 누릴 수 있는 개인 정원이 없는 이들은 조금이나마 숨쉴 곳을 찾아 공원으로 모였다. 일정한 간격으로 동그라미를 쳐놓고 관람객들 간의 거리를 표시한 공원의 모습은 애처로우면서도 그 어느 때보다 초록빛으로 빛났다. 실내 식물의 판매는 유례없이 급증했고 도시의 사람들은 목이 말라 우물을 찾듯 식물을 찾았다. 정원은 정원 있는 집에 사는 사람들만이 아니라 모두에게 필요한 안식처였다.

　도시에 모두를 위한 정원 공간이 많이 생기려면 도시를 사는 사람들이 그것을 바라고 원하면 된다. 정원이 소수만이 누릴 수 있는 여유가 아니라 모두가 누려야 하는 권리라고 생각하면, 그걸 바라는 것도 당연해질 수 있다. 도시의 주인은 시민이고 시민이어야 한다. 언젠가는 시민들이 바라는 방향으로 도시가 변화할 것이라고 믿는다.

흙에서 중력을 이기고 올라오는 풀과 꽃은 강인하다. 그 강인함에 이끌려 쪼그려 앉아 그들과 가까워지고, 정원 일을 하기 위해 무릎 꿇는 행위는 우리를 땅과 가까워지게 한다. 그렇게 몸을 낮춤으로써 배우는 게 있다. 지금과 같은 자기표현의 시대에 나를 낮추라는 말이 시대착오적으로 들릴 수도 있겠지만, 나를 낮춰야 나와 타인을 진정으로 볼 수 있고 또 끝없는 탐욕에서 벗어날 수 있다. 자연은 우리에게 그런 것들을 가르쳐준다.

정원 읽기

영국에서 정원 디자이너로 살아가기

초판 1쇄 발행   2025년 3월 19일

지은이   김지윤
펴낸이   박대우
펴낸곳   온다프레스
등록   제434-2017-000001호(2017년 10월 20일)
주소   24732, 강원도 고성군 간성읍 남천길 24
팩스   0303-3443-8645
메일   onda.ayajin@gmail.com
인스타그램   @onda_press

제작   제이오
인쇄   민언프린텍
제책   다온바인텍
물류   해피데이

글, 사진 ⓒ 김지윤 2025
ISBN 979-11-989640-2-1 03520